JC総研ブックレット　No.22

移住者による継業

農山村をつなぐバトンリレー

筒井 一伸・尾原 浩子◇著
図司 直也◇監修

JN202400

はじめに

「継業」。この言葉を聞いたことはありますか。

継業は、地域のなりわいを移住者などの第三者が継ぐことを意味します。地域が関わっているという点で、事業だけを引き継ぐ事業承継や農業という産業だけに着目した第三者農業経営継承（以下，農業経営継承と表記）とは異なります。これまで世襲で受け継がれてきたなりわいを地元住民から移住者などの第三者にバトンを渡す継業は、各地の農山村で広がっています。政府のまち・ひと・しごと創生本部は、コミュニティビジネスの中で継業の重要性を指摘し、自治体が継業に対して補助事業を設けるなど施策の動きも出てきました。地域をテーマにした雑誌『ＴＵＲＮＳ』（２０１８年２月号）が継業を特集するなど、マスメディアにも継業が取り上げられるようになっています。

若い人が農山村を志向する「田園回帰」が広がっています。都会から農山村に移住して地域資源を活用して起業したり、関わりたい農山村に通って住民と交流をしたりとその形は多様です。一方、農山村では、長年地元住民から愛されてきた小売店や民宿といった小規模零細な店舗、事業の閉鎖が深刻化しています。店主が高齢で後継者がいないことが主な原因で、利益を確保できているにもかかわらず、地域に惜しまれつつも、店舗、事業を辞める経営者が増加しています。

田園回帰と、後継者不足による農山村の事業閉鎖という問題の中で生まれたのが「継業」という考え方です。これまで移住者の生計を考える際には、どうしても起業や就業に注目しがちでした。しかし、継業は初期投資を抑えられる、顧客を引き継ぐことができるなどたくさんのメリットがあります。地域にとっても、長年必要としていた店舗が継続されるだけでなく、移住者の新しい価値観でリノベーションされて使いやすくなるなどのメリットがあります。地域のなりわいが残り続けることは、その地域の活力にも直結します。

継業を地域ぐるみで実践した現場を歩くと、継業は農山村再生の方向性と合致すると強く実感できました。農山村に飛び込む若者、受け入れる地域がともに手を携えて取り組む継業の現場から得られた、バトンリレーする上でのポイントを本書では紹介します。

本書では、「業」としては小規模であったり、法人化していない個人事業主らの事業をどう移住者に手渡すかというテーマに特化して、「継業」を考えていきます。ただ、なりわいを地域に残し、地域運営組織やＪＡ、行政、自治会などが継業を支える仕組みは、事業承継や農業経営継承の大きな参考にもなります。継業は農山村の地域づくりそのものです。移住者やなりわいを手渡したい店主やオーナーだけでなく、顧客も含めて地域のさまざまな立場にある人が関わる継業の価値が、本書を読んで実感できると思います。

本書の構成

本書の構成は、まずⅠで継業という考え方が誕生した背景や、起業や就業に比べた位置付けを考察します。次にⅡではキャンプ場や豆腐屋、酒屋などを移住者にバトンタッチした現場を紹介します。Ⅲでは、Ⅱで紹介した継業の形を元に、継業を仕掛けていくポイントを解説します。最後にまとめとしてⅣで、継業による農山村の地域づくりを展望します。

Ⅰ　地域の継承と「継業」

1　「継業」という考え方の誕生

（1）農山村での後継者不足

農山村ではさまざまな分野の担い手不足が深刻です。たとえば『２０１５年農林業センサス』の結果に基づき「農業就業人口は２０９万人で、５年前の前回調査より51万６千人減った。減少率は２割に上り、比較可能な１９８５年以降で２番目に大きい。高齢者の離農が加速していることが主因とみられる。若者の就業人口も伸び悩んでいる」（日本農業新聞２０１５年11月28日付）といった農家の後継者不足に歯止めがかからないという報道があります。

このような第一次産業の後継者不足に加えて、この数年、第二次産業や第三次産業においても後継者不足が深刻化しています。例えば（株）東京商工リサーチが公表している２０１６年「休廃業・解散企業」動向調査によると、２００４年以降、資産が負債を上回る「資産超過」状態で事業を停止する休

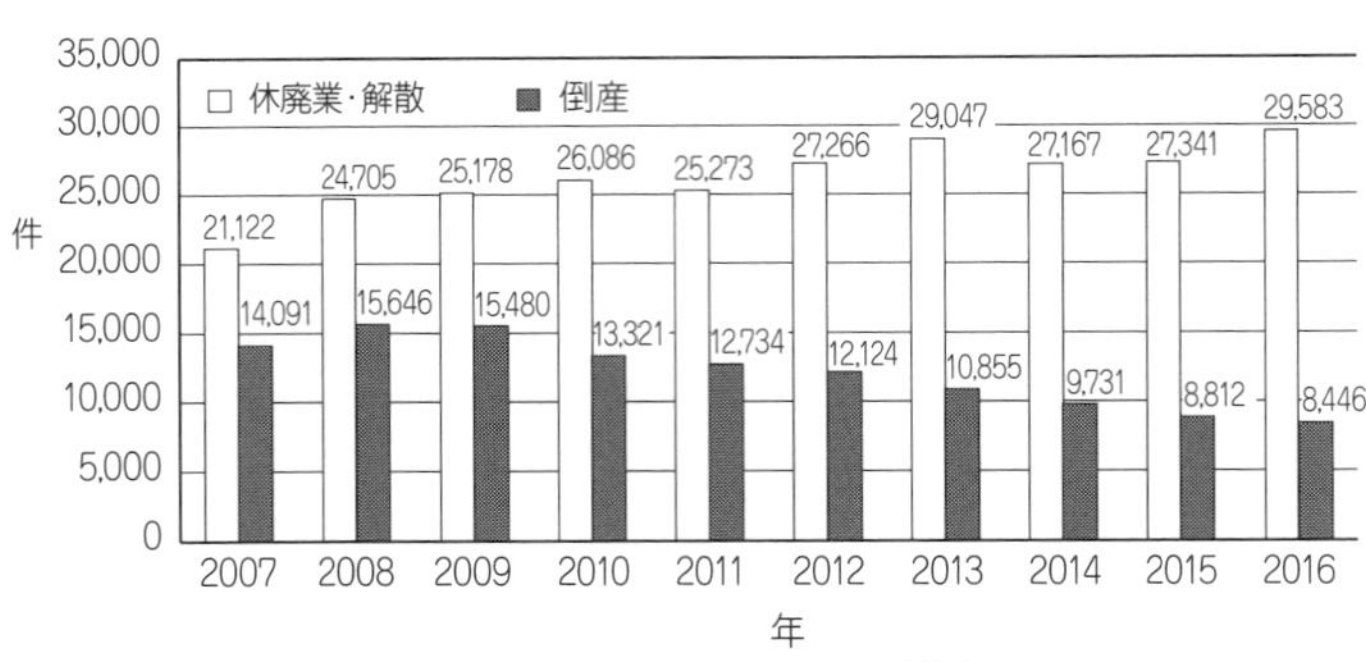

図１　企業の休廃業・解散件数、倒産件数の推移

出典：（株）東京商工リサーチ『「休廃業・解散企業」動向調査』より作成。

5　移住者による継業

廃業・解散企業の件数が、債務超過などで事業継続が困難になった倒産件数を上回っていて、しかもその差は年々、大きくなってきています。この10年間の変化を**図1**でみてみると２００７年には１・49倍であったのが10年間で２０１６年には３・50倍にも差が広がってきています。休廃業・解散した企業の代表者の年齢は、60代以上が８割を占めているとされ、経営者の高齢化や後継者難を背景とした休廃業・解散が目立ってきています。２０１６年の産業別では、飲食業や宿泊業、非営利的団体などを含むサービス業他の７９４９件（26・９％）が最も多く、次いで建設業７５２７件（25・４％）、小売業４１９６件（14・２％）、製造業３０１７件（10・２％）となっています（**表1**）。

また法人格別で見てみると（**表2**）、10年前（２００７年）に対して株式会社や有限会社が約１・１倍とさほど大きな変化を

表１　産業別休廃業・解散件数（2016年）

	件数	構成比（%）
農林漁業・鉱業	372	1.3
建設業	7,527	25.4
製造業	3,017	10.2
卸売業	2,660	9.0
小売業	4,196	14.2
金融・保険業	514	1.7
不動産業	2,171	7.3
運輸業	466	1.6
情報通信業	711	2.4
サービス業ほか	7,949	26.9

出典：(株)東京商工リサーチ『「休廃業・解散企業」動向調査』より作成。

表２　法人格別休廃業・解散件数の推移

年	株式会社		有限会社		個人企業		特定非営利活動法人	
	件数	2007年比	件数	2007年比	件数	2007年比	件数	2007年比
2007	8,562	1.00	7,847	1.00	3,899	1.00	114	1.00
2008	10,117	1.18	9,186	1.17	4,519	1.16	177	1.55
2009	10,483	1.04	8,981	1.14	4,709	1.21	260	2.28
2010	10,612	1.01	9,330	1.19	4,899	1.26	448	3.93
2011	10,184	0.96	8,517	1.09	5,055	1.30	587	5.15
2012	10,238	1.01	9,338	1.19	5,669	1.45	857	7.52
2013	10,008	0.98	9,024	1.15	7,480	1.92	1,009	8.85
2014	9,851	0.98	8,187	1.04	6,665	1.71	1,273	11.17
2015	10,299	1.05	8,400	1.07	6,530	1.67	1,278	11.21
2016	11,568	1.12	9,141	1.16	6,711	1.72	1,322	11.60

出典：(株)東京商工リサーチ『「休廃業・解散企業」動向調査』より作成。
注：上記以外の法人格の件数は本表では省略した。

していないのに対して、個人企業は1・7倍とその増加が大きくなっています。さらに注目すべきは特定非営利活動法人（NPO法人）の解散が同11・6倍と急速に増えていることです。特定非営利活動促進法（NPO法）が1998年に施行され、その後、社会の要請に応えた社会的な活動、地域の活動を行う組織がNPO法人となっていきましたが、NPO法施行から20年近くが経過し、設立者の高齢化が進む中で後継者のいないNPO法人の解散が進んでいるものと考えられます。

これらの状況は全国的なものでもありますが、農山村に目を向けると高度に組織化・制度化された比較的規模が大きい企業が多い株式会社よりむしろ、小規模な有限会社、事業が属人的でありその中身が仕組み化されていない個人企業が多くあります。さらに地域づくり活動に取り組むNPO法人もあり、これらの後継者不足という現実も注視する必要があるでしょう。

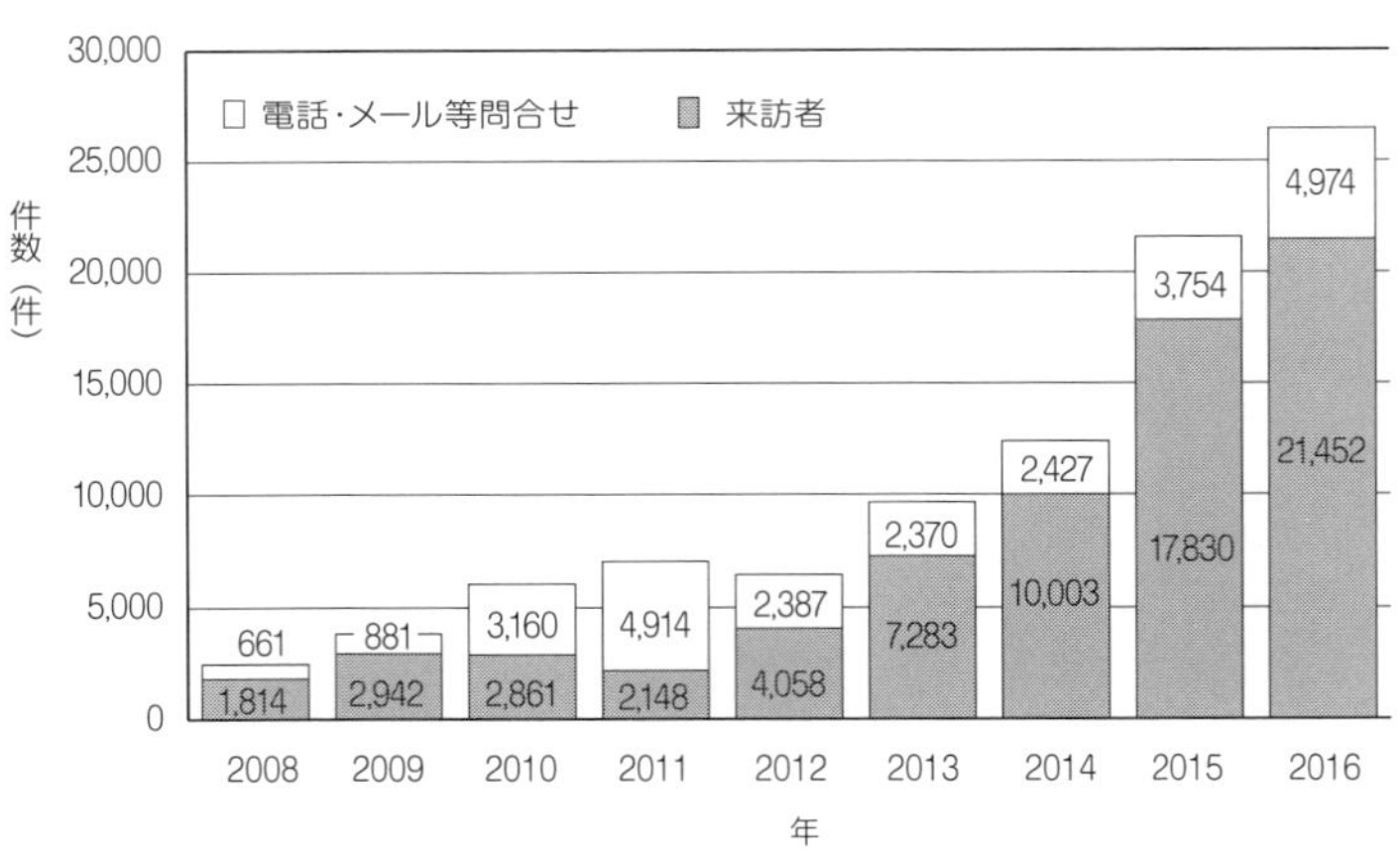

図2　NPO 法人ふるさと回帰支援センターへの問合せ・来訪者の推移

出典：NPO 法人ふるさと回帰支援センター資料より作成。

（２）農山村に向かう若者たち

このような後継者不足がさけばれる一方、農山村への移住希望者の増加が止まりません。地方移住のサポートを行うＮＰＯ法人ふるさと回帰支援センター（東京都千代田区有楽町）へ実際に足を運んで移住相談の面談やセミナー参加をする来訪者数は、２００８年には１８１４件であったのが２０１６年には２万１４５２件と約11・８倍にも増加しています（**図２**）。また年齢層も当初多かった60歳代以上のシニア層だけではなく、特に20歳代から40歳代の若者、現役世代が大きく増加してきています（**図３**）。このような傾向は政府の世論調査でも明らかです。「都市と農山漁村の共生・対流に関する世論調査（２００５年11月調査）」と「農山漁村に関する世論調査（２０１４年６月調査）」を比べてみると、農山村への移住の願望が「ある」とする割合（「どちらかといえばある」の割合も含む）は20・６％から31・６％に上昇し、しかも年齢別にみると現役世代である20歳代で30・３％から38・７％、30歳代

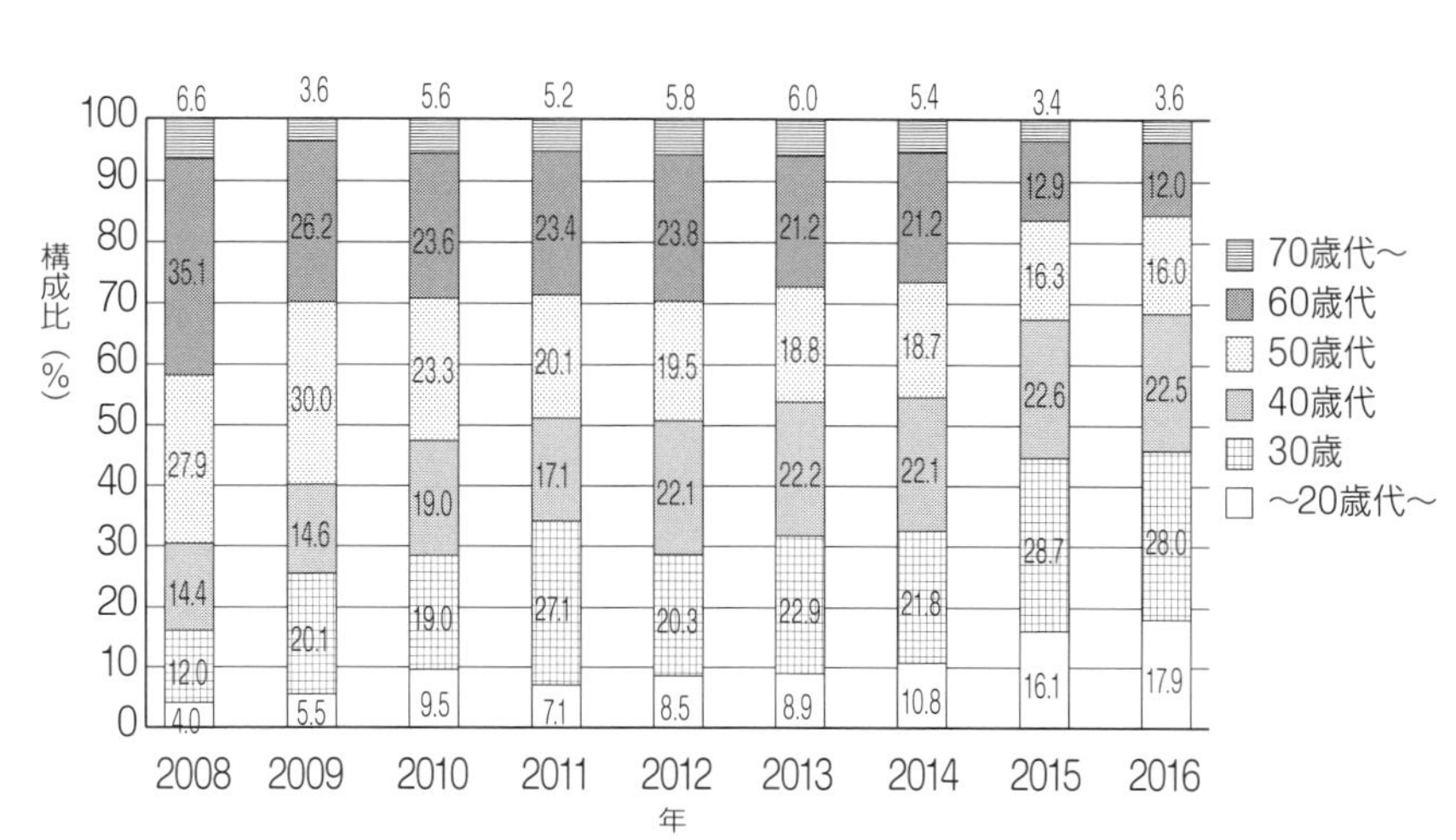

図３　NPO法人ふるさと回帰支援センター利用者年代の推移

出典：NPO 法人ふるさと回帰支援センター資料より作成。

で17・0%から32・7%、40歳代で15・9%から35・0%と高い増加がみられます。

２０１７年1月に総務省（「田園回帰」に関する調査研究会）が実施した都市に居住する住民に対してのアンケート調査の結果からその傾向をもう少し詳しく見てみましょう。農山村に移住してみたいと回答した人の割合（「農山漁村地域に移住する予定がある」、「いずれは（ゆくゆくは）農山漁村地域に移住したい」、「条件が合えば農山漁村地域移住してみてもよい」の割合の合計）は30・6%であり、20歳代と30歳代の男性は40%を超え、20歳代女性でも30%を超えていることからも、若い世代の田園回帰傾向は依然として続いていることが分かります。また農山村出身と生活経験がある者をみると20歳代および30歳代男性の約70%、20歳代女性の約60%が農山村へ移住してみたいと回答していますので、若い世代がUターンを希望する傾向も見られます。つまり若い世代では都市部出身であるか農山村出身であるかを問わず、農山村への移住を志向が強まっているようです。ふるさと回帰支援センターへの来訪者の増加とあわせて考えれば、特に若い世代での田園回帰は単なるブームではなく一つの社会現象（潮流）としても捉えられるのではないでしょうか。

若者の農山村志向は、ライフスタイルの転換として語られることもありますが、現役世代の移住者増加が加速している背景として、このような農山村志向の上に社会的な背景が加わると、ふるさと回帰支援センターは分析しています。２００８年に発生したいわゆるリーマンショック以降の雇用不安もひとつのきっかけとしてある一方で、同じく２００８年からはじまった総務省による「地域おこし協力隊」や農林水産省の「田舎で働き隊！」などの都市からの農山村に人材を送り込む国の取り組みもまた無関係ではありません。さらに２０１１年の東日本大震災も影響しており、都市での生活に不安を持った特にファミリー層による農山村への移住もすすみました。

定年退職者層を中心とするふるさと回帰や田舎暮らしが多かった時代とは異なり、若者を中心とする現役世代の農山村への移住が主流になりつつある中で、どのように生活を成り立たせていくかその経済的な基盤を考える必要があります。一方で、前述した通り、農山村のさまざまななりわいでは後継者不足にさいなまれています。「農山村の後継者不足×農山村への現役世代の移住者増加」とこの二つの現実を掛け合わせて生まれてきた発想が、筒井ほか（２０１４）ではじめて世に出した「継業」という考え方です。

2　地域づくりとしての継業

「農山村の後継者不足×農山村への現役世代の移住者増加」という単純な発想で生まれた継業ですが、調査を進めていくとさまざまな地域的波及効果があることが分かってきました。具体的にはⅡでその実態を紹介しますが、農山村が高度経済成長期から進展してきた3つの空洞化と誇りの空洞化（小田切、２００９）に対応させて示してみると次のようにいえそうです。まず「人の空洞化（人材不足）」へは、そもそもの継業の発想そのものである移住者というなりわいを引き継ぐ新たな主体が対応しますが、それだけではなく「土地の空洞化（空間の未利用化）」にはなりわいを引き継ぐことで施設や土地の再活用が進み、また「むらの空洞化（生活機能の低下）」に対して継業は生活インフラなどの維持につながります。そして何より「誇りの空洞化」に対しては地域アイデンティティの維持も継業の射程にすることができます。このように農山村の課題対応として継業を位置づけられますが、さらに積極的に地域づくりとしての側面から継業を位置づけることもできそうです。

小田切（2014）によると地域づくりには3つの要素が込められているといいます。それは原則としての「内発性」、その中身の「総合性・多様性」、そして仕組みとしての「革新性」です。継業にはその要素が備わっているといえるでしょう。全く新しいなりわいをつくる「起業」ではなく、もともとあったなりわいの継承からはじまるためその「内発性」の要素はあり、また単にそのまま引き継ぐのではなく、移住者のヨソモノ視点を活かした改善や新しい展開がみられる「革新性」、そしてⅡで紹介する現場からわかる通り、その継業のきっかけや形態、展開方向は一つのモデルではとどめられない「総合性・多様性」が備わっているといえます。

このような地域づくりの意義を考えて、あらためて「（移住者による）継業」を「後継者不足に悩むなりわいを（移住者が）引き継ぐことであり、なりわいにおける地域資源活用や地域での生活インフラとしての意義といった継業対象そのものに関する地域的要素に加えて、地域住民の生活ニーズの充足や地域アイデンティティの維持といった継業した主体以外への、多様な地域的波及効果が期待できること」と本書では定義づけてみたいと思います。

3　田園回帰と地域のなりわいづくり

（1）地域づくり論的田園回帰となりわい

若者の農山村に対する高まる関心という社会的な潮流は田園回帰と呼ばれています。小田切・筒井編著

（２０１６）ではこの田園回帰を３つの局面に整理しています（**図４**）。一つ目は都市から農山村への移住そのものであり、「人口移動論的田園回帰」です。二つ目は人口移動論的田園回帰の結果として生じる田園回帰と地域づくりの相互関係であり、「地域づくり論的田園回帰」と呼ばれます。そして三つ目としては、農山村移住の増大は人材の移動が従来の農山村から都市へという一方向の流れではなく、双方向の流動化がすすむことになり、その結果として都市と農山村の関係自体も変化することに注目した「都市農村関係論田園回帰」です。このうち地域づくり論的田園回帰では、移住者などと農山村住民が暮らしを成り立たせていくための相互関係に注目します。その際の大きなテーマとして、コミュニティとの関係、暮らしの拠点たる住まい、そして本書に関わる経済的基盤となるなりわいがあります。

ここで田園回帰におけるなりわいの問題を考えてみましょう。ふるさと回帰支援センター副事務局長の嵩和雄（かさみかずお）氏によると「移住」とは自分の意思でライフスタイルを変えるために移り住むこと」

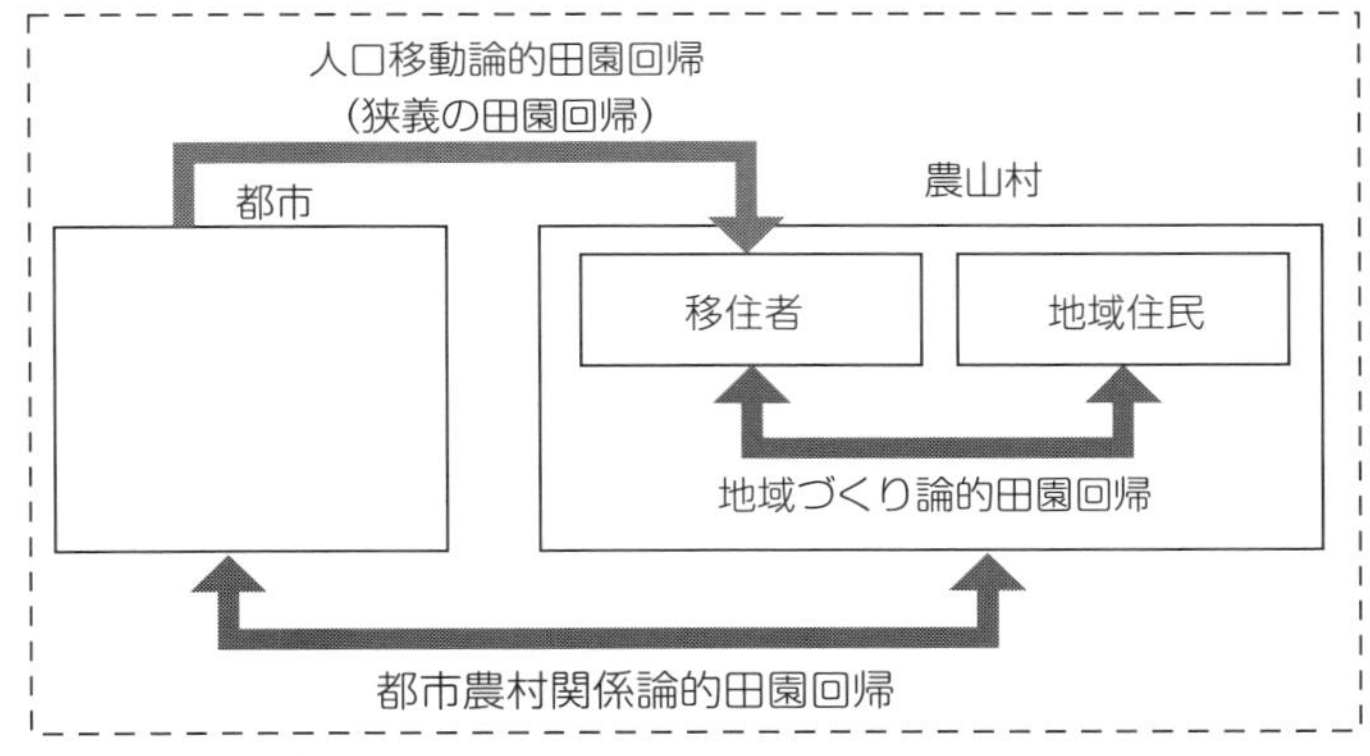

図４　田園回帰の３つの局面

出典：小田切・筒井編著（2016）p.21 の図を参考に作成。

であり、そこには単なる引っ越しと明確に区別される意図が含まれています。ライフスタイルの転換という移住者個人の問題を、地域課題にむすびつけるキーワードがなりわいです。**図5**を見てください。筒井ほか（２０１４）において小田切は、生活の糧を得ることを「仕事」、自己実現を組み込むことでみられる「働き」、そして地域からの学びと貢献（地域資源の活用）とむすびつくなりわいという考え方を示しました。「仕事」や「働き」の問題として考えてしまうと、移住者個人の就労問題となり農山村コミュニティの問題としては捉えられません。一方、地域の問題とは生活インフラの維持や地域資源の活用といった課題であり、これを移住者と結びつける上で地域資源を活用した「なりわい」という捉え方が重要となってきます。継業は地域的要素が重要であることから、この「なりわい」という概念を用いて本書では考えていきたいと思います。

（２）なりわいづくりと継業

前述した通り、特に農山村では第一次産業にとどまらず第二次産

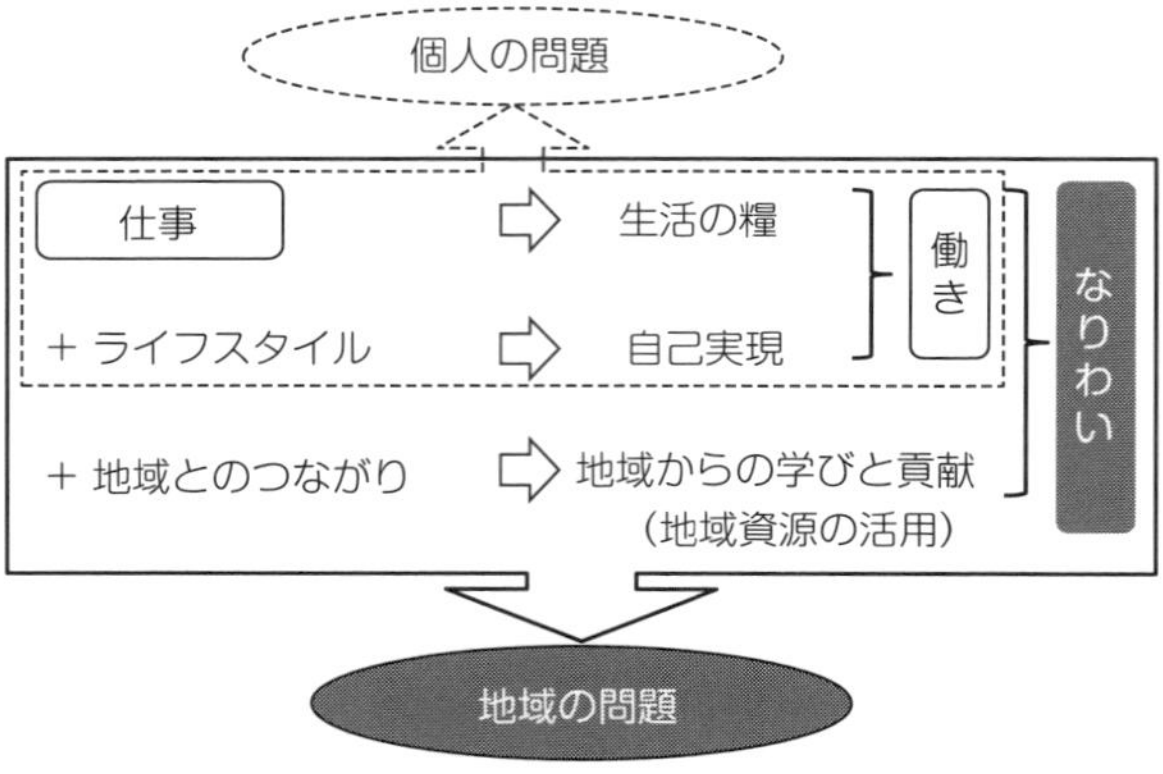

図５　「なりわい」の位置づけ
出典：筒井ほか（2014）p.60の図を参考に作成。

業から第三次産業まで、さまざまな活動において担い手不足が深刻です。にもかかわらず移住者などの仕事の問題が起こるのはなぜでしょうか。端的にいえば、移住者にしても移住者を受け入れる地域側にも、仕事探し＝就職という固定観念があることが問題の根底にはあると筆者らは考えており、仕事ではなくなりわいという言葉を用いることによって問題の整理を試みることが大切です。

では田園回帰におけるなりわいづくりの中で継業を位置付けてみたいと思います。移住者によるなりわいづくりには３つのタイプがあります（図６）。既存のなりわいの枠組みに参画する地域資源と結びついた就業は、地域文化の継承を意図した伝統工芸や第一次産業に就くもの（就農など）が挙げられますが、実際には就業機会は多くないのが現実です。また新たななりわいの枠組みをつくる起業は移住者視点のなりわいづくりと位置づけられ、一方で、本書で取り上げる継業は、移住者が既存のなりわいの枠組みを継承しつつ、新たななりわいの展開と位置付けられます。

起業はその基盤からつくり上げていくため、なりわいづくりを目指す

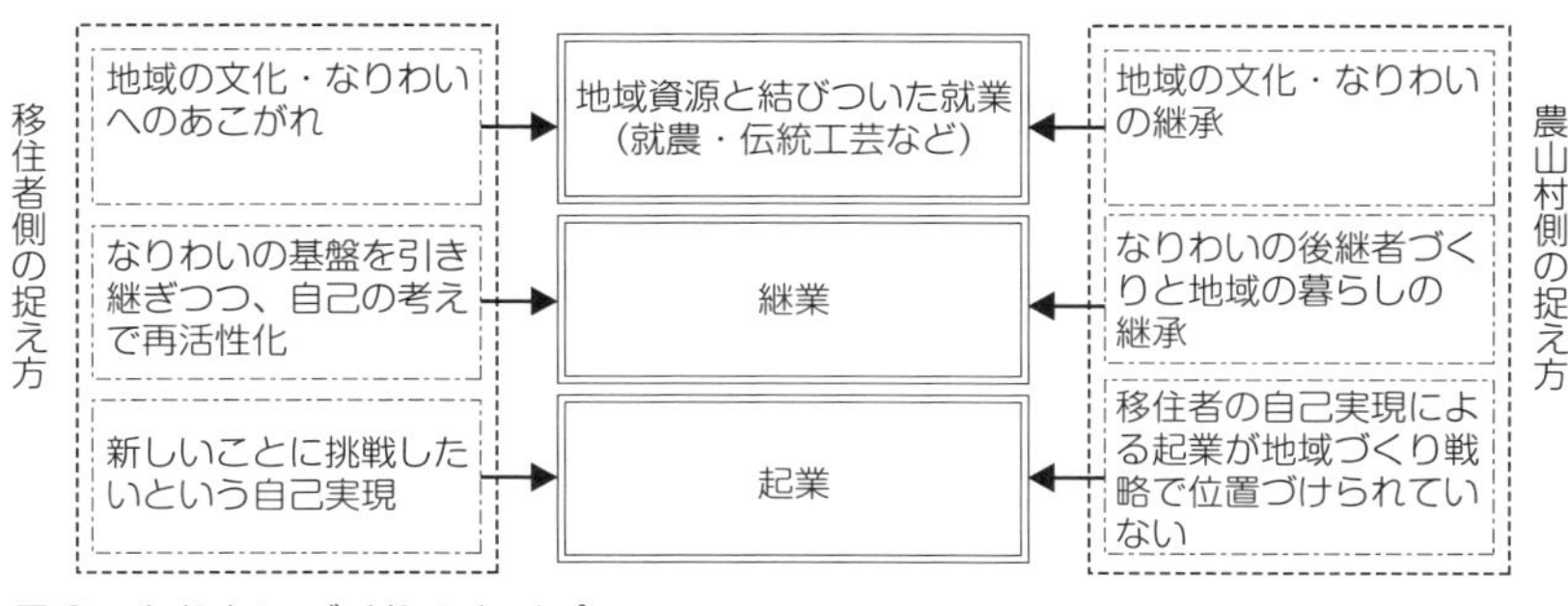

図６　なりわいづくりのタイプ

出典：筒井ほか（2014）p.46 の図を参考に作成。

移住者にとってはハードルが高いともいえます。また移住者の起業家視点でつくり上げる起業は、農山村側が現状として求めているなりわいには必ずしもなっていないケースもあり、地域の人にとってはイメージがわかず、消費行動も含めてサポートがしにくい状況が起こり得ます。これに対して継業のメリットは、既存のなりわいの経営基盤を引き継ぎ、新たな視点での地域資源の再価値化と再活用化を目指すところであり、既に地域にあるなりわいなので農山村側にとってもイメージがしやすく、地域づくり戦略の上に位置づけやすいといえます。

地域の商店などで〝商い〟としては成立しているにもかかわらず、商店主の高齢化で店をたたむという例は多くみられますし、早い時期から地域づくりを積極的に取り組んできた多くの農山村では主要メンバーの高齢化とそれに伴う活動の停滞がみられはじめています。つまり集落の商店（食品・生活雑貨店）や移動販売なども継業の対象になりますし、地域活性化の一環でつくり上げてきた農産物直売所や農産物加工場、農家レストランなども引き継ぐ対象になり得るでしょう。もちろん農林水産業、炭焼きや木工芸などの伝統産業なども対象ですが、継業において重要なことはありのまま引き継ぐのではなく、移住者のヨソモノ視点を最大限活用して、大小問わず革新を進めていく点にあります。単なる後継者づくりという目的から、連綿と続く農山村の暮らしを継承していくためになりわいをバトンリレーしていくという地域の視点が継業には含意されています。

後継者不足という課題に対しては、これまでも分野によってさまざまな用語を用いて取り組みがなされてきました。例えば中小企業庁を中心に展開される「事業承継」や農林水産省などが行う「農業経営継承」が挙げられますが、前者で引き継ぐものは「事業」、後者は「農業経営」であり、そこにはあくまでもビジネス的な意義の強調があります。これに対して私たちが田園回帰という社会的な潮流を踏まえて、あらためてこの問題にフォーカスする継業において引き継ぐものをなりわいとする点に、地域づくりという意義を強調したいと考えています。

継業は筒井ほか（２０１４）においてはじめて概念化されたものですが、この考え方は『まち・ひと・しごと創生基本方針２０１５（２０１５年6月30日閣議決定）』の「地域資源をいかしたコミュニティビジネスの振興」の項目においても言及されている通り、単なるビジネスではなく地域づくりを展開する上でのひとつの考え方としても受け止められています。継業を概念化して以来、調査をすすめていくにつれて実際にはこれまで明示的には認識されてこなかったものの継業の例がある程度存在することがわかってきた一方で、継業の課題もみえてきました。これらについてはⅢでポイントを提示したいと思いますが、多様な継業例を考察し、長所と短所をより明確に認識できるようになれば、増えつつある現役世代の移住希望者のなりわいづくりのひとつの受け皿になると筆者らは考えています。

Ⅱ 現場からみる「継業」の形

本章では、4つの地域で実践されている継業を紹介します。現場の状況と関わった人たちも含めたバトンリレー、継業に至るまでの流れを詳述します。それぞれの実践紹介の後に、①継業が誕生した背景にある地域の課題、②地域づくりの工夫、③継業によるイノベーションという現場から読み解く3点の視座を提示します。

1 協同組合が経営していたキャンプ場の継業

(1) 継業の現場

岐阜県の中央に位置する郡上(ぐじょう)市の明宝(めいほう)地区。「明宝ハム」「明宝とまとけちゃっぷ」など、地域の名前を冠した特産品が多く、村の95%が山林という山間の地区です。住民の団結力が強いこの地域で、農家の副業として地域住民が経営してきたキャンプ場が、移住者によって新しい形で運営され始めました。経営者の高齢化やバンガローの老朽化で閉鎖寸前だったキャンプ場を、キャンプ場経営に夢を描いていた滋賀県大津市出身の大塚義弘(おおつかよしひろ)さんが2015年に、経営を引き継いでいます。

【岐阜県郡上市明宝地区】

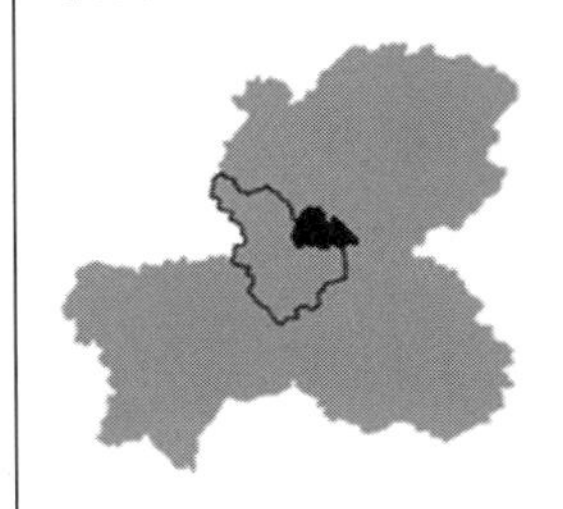

◎基本データ（2015年国勢調査）
面積：154.86km²　人口：1,670人
世帯数：537世帯　高齢化率：37.4%

■概要

郡上市は岐阜県のほぼ中央に位置し、市域のほとんどは長良川流域であるが、そのほかにも和良（わら）川や石徹白（いとしろ）川など一級河川が24本もある。日本3大盆踊りの一つに数えられ、重要無形民俗文化財にも指定される「郡上おどり」で有名な小京都「郡上八幡」や白山信仰の地として知られている。2004年3月1日に白鳥町、八幡町など旧郡上郡7町村全域を合併した。旧明宝村である明宝地区は明宝ハムといった特産品を地域ぐるみで育ててきた。

郡上市役所や郡上市商工会、地域の里山保全組織の支えを受け、自然体験など新たなメニューを加え、キャンプ場の名前を「大谷森林キャンプ村」から地区の名前を冠にした「めいほうキャンプ場」に変えた大塚さん。地域の思いを受け止め、明るく経営を進めています。

キャンプ場を大塚さんに引き渡したのは、しいたけや米を栽培する農家の和田淑人（わだとしひと）さんら地元住民です。和田さんは「父親の代から経営してきた農家の副業だったキャンプ場を後継者に手渡したかった。若い人が少なかったが、親族でなくてもやる気がある人の手で残ってうれしい。これからも応援していきたい」と笑顔で話しています。「世襲という時代ではない」と明るく言い切る和田さんは、時間があれば、キャンプ場に来て、草刈りなど手伝いをして応援しています。キャンプ場の継業が、地域住民と移住者双方の夢を実現させました（**写真1**）。

写真１　キャンプ場を経営する大塚さんに助言する農家の和田さん

出典：2016年８月、筆者撮影

（2）キャンプ場の歴史

キャンプ場の開設は１９８１年です。当時働き盛りだった和田さんの父親の世代が、農林水産省の交付金を活用し、地権者8戸で「大谷森林総合利用協同組合」を設立し、キャンプ場を開業しました。もともと村ぐるみでハムを作るなど、地域づくりが盛んだった明宝地区。組合のメンバーは、キャンプ場をたくさんの親子連れが訪れる場所にし、地域を盛り上げていこうという夢を抱いてオープンしました。

営業期間は、ゴールデンウィークから9月までです。15のコテージも兼ね備え、多いときで年間3千人の集客力がある県内でも有数の人気キャンプ場でした。川も山も近くにあり、道の駅も徒歩圏内、温泉までも車で15分という好立地なキャンプ場は、特別な広報はしていなかったものの口コミで評判が広がり、首都圏からの常連客も多くいました。

ただ、大谷森林総合利用協同組合の組合長の世代交代や組合員の退会などを理由に、1993年に組合は立て直しをすることにします。その後は、和田さんを中心とした3人の農家、会社員で協同組合は継続し、キャンプ場の経営も続けていました。

しかし、後継者がおらず、集客も年々厳しくなってきたことから、和田さんはどうにか次の人にバトンを渡せないか、今後の在り方を郡上市役所明宝振興事務所に相談しました。キャンプ場を撤去するにはたくさんの費用が必要な上、和田さんたちには「キャンプ場は地域を盛り上げる場所の一つでもあった。赤字ではないので何とかキャンプ場は残してほしい」という強い願いがありました。和田さんは「何とか利益が出ているうちに次の人にバトンを渡したかった。世襲にこだわっていたらキャンプ場は閉鎖するしかない。親族が継ぐという時代ではなく、キャンプ場が残って本当にうれしい」と振り返っています。

和田さんは継業した直後の２０１５年、２０１６年は特に力を入れて、キャンプ場の草刈りをして大塚さんを応援しました。時間をつくってはキャンプ場に通った理由について「キャンプ場の経営は分かっても、細かい作業や客への対応など不安なことも多いだろうから力になりたかった」と和田さんは明かしています。この期間は、和田さんと大塚さんとの並走期間といえるでしょう。

（3）継業に至る流れ

継業することになった大塚さんは、１９８０年生まれ、滋賀県大津市出身の移住者です。妻の実家である郡上市に遊びに来るうちに自然豊かで人情味のある土地柄を気に入り、22歳のときに移住しました。林業会社で働き始めましたが、仕事中の事故を契機に2年で林業会社を辞め、市内にある企業が経営するキャンプ場で、職員として11年間働きました。林間学校の受け入れや自然体験の企画提案なども行う中で、次第に、自分自身でキャンプ場を経営したいという夢を抱くようになった大塚さん。友人らに夢を語り、独立の意思を打ち明ける中で、和田さんらがキャンプ場を引き渡したいと考えていることを人づてに知りました。

和田さんが相談をしていたのは郡上市役所明宝振興事務所の当時の所長です。和田さんの思いを聞き、所長が市内の里山保全をする地域組織の若者たちに声を掛け、大塚さんが紹介されました。所長は大塚さんと2回会い、意思を確認し、当事者である和田さんと大塚さんをマッチングしました。

その後、契約の仲介に貢献したのは、郡上市商工会が２０１４年から取り組んでいた「後継者マッチング事業」

です。郡上市商工会に加入していた和田さんは、郡上市商工会と山林の地権者8戸、大塚さんと契約書を締結し、バンガローや営業権などは無償で譲渡し、山林の賃借料などを5年間据え置きで毎年、大塚さんが支払うことで継業することになりました。和田さんも大塚さんも「書類のやりとりでとても助かった、仲介者がいることでスムーズにバトンを渡せた」と口をそろえています。

大塚さんは「キャンプ場の起業だとたくさんの資金と土地が必要なので無理だった。しかし継業なら圧倒的に費用が抑えられノウハウや顧客なども引き継げ、地域のインフラ維持や地域住民の応援も得やすい」と利点を感じています。吉田川での釣りや川遊びが楽しめる「最高のキャンプ場」と大塚さんは実感しており、そのロケーションを生かした自然体験をメニューに加え、インターネットで顧客を獲得するなど経営を発展させています。

キャンプ場は夏場だけの経営のため、大塚さんは冬場、スキー場でのアルバイトをしています。妻は保育園で働いており、キャンプ場だけではない収入の確保により生活を成り立たせています。大塚さんは「自分でキャンプ場を経営できるのはとてもやりがいがある」と張り切っているものの、課題も感じています。特にバンガローの老朽化対策費用をどう捻出するかが大きな課題であり、少しずつ売り上げから改修していく考えです。

（4）経営のサポート

郡上市商工会は移住施策とも結びつけ、後継者不在や廃業予定の事業を第三者に引き継ぐ登録制度を２０１４年４月に始めました。法人格を持たない個人事業主や小規模零細業も対象です。郡上市商工会は「廃業が続出し、郡上のなりわいをどう残すかが深刻な課題だった」と制度を始めた経緯を説明しています。キャンプ場の継業は、登録制度の第一号です。その後、カフェやフードコートなどのマッチングも実現しています。

キャンプ場の継業の入り口のマッチングは、市の機関であった明宝振興事務所の所長が手探りで、里山保全をする地域組織の若者に声を掛けたことで実現しました。商工会の当時の事務局長が明宝地区出身者であったことも奏功し、地域で顔が見える関係が築かれそれぞれが当事者意識を持って働き掛けたことが、キャンプ場のバトンリレー実現の大きな要因となりました。さらに、キャンプ場は明宝観光協会が経営する道の駅や近隣の温泉施設とも連携して経営しています。キャンプ場に宿泊した観光客は、温泉に入り、道の駅に行き、地域の観光につながっています。

商工会の登録制度は、深刻な後継者不足が背景にあります。２０１４年に郡上市商工会がアンケート調査をしたところ、回答した１６１１の会員のうち、「後継者がいる」と答えた会員は30％にとどまりました。「後継者がいない」46％、「未定」24％にも上りました。さらに、会を脱退する事業者の9割が廃業を理由にしています。郡上市商工会は、市やＪＡとも情報交換するうちに、第三者に事業を承継することに思い至りました。起業支援のメニューはたくさんあるものの、今あるものを残す視点がなかったことに気付き、継業の支援に乗り出すことに決めました。その後の経営指導や名称変更に伴う看板設置などでも支援をしています。

なお郡上市商工会では「事業承継」と表現していますが、地域の関係性を重視し地域のなりわいを引き継いだ意味合いから、本書では継業と位置付けて紹介しています。

◆読み解く3つの視点

①【地域課題】交流拠点の一つがなくなることへの危機感と山林利用の空洞化。

②【地域づくり】地域住民、商工会、行政など多様な主体が当事者意識を持って関与。

③【革新性】キャンプ場のみの経営から体験交流への展開と、多業というライフスタイル。

2 地域の社交場を引き継ぐ

(1) 継業の現場

物部川を望む急峻（きゅうしゅん）な四国山地。その斜面にたたずむ高知県香美（かみ）市香北（かほく）町の猪野々（いのの）地区はかつて741人（1966年住民基本台帳）いた人口も158人まで減少、高齢化率は68・4％になっています（2015年国勢調査）。最盛期の昭和40年代には、猪野々地区に7軒ほどあった商店は2012年にたばこ屋が廃業をすると、1軒のみになってしまいました。それが2015年に継業された今回の舞台である「猪野々商店」です。

【高知県香美市香北町】

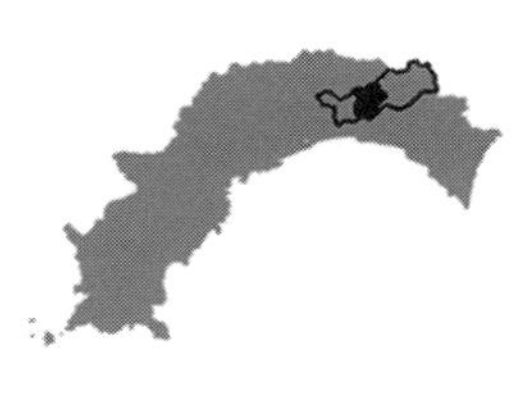

◎基本データ（2015年国勢調査）

面積：130.37km²　　人口：4,592人

世帯数：1,896世帯　　高齢化率：47.0%

■概要

香美市香北町は高知県中部、高知市の北東約30kmに位置し、2006年3月1日に市町村合併で発足した香美市の旧香北町の範囲である。北東から南西に貫流する物部（ものべ）川中流の山間に位置し、森林は約86%を占める。ここで紹介する猪野々地区は旧香北町の東端、物部川北岸の標高200mから300mに広がる昭和の合併以前の旧在所（ざいしょ）村の一部を成す地域である。

猪野々商店は、元々は昭和初期に開店をした酒屋であり、1976年に猪野々出身の前店主が引き継ぎ猪野々商店としました。1993年からは店主の親族が店を切りもりしていましたが、2014年の暮れあたりから高齢化を理由に店を引き継いでくれる人を探し始めるとともに、閉店も考え始めました。そのうわさは地域ですぐに広まり、移動販売車が週に2回から3回は来るものの、常設の商店が消滅するということが地域に与えたその衝撃は大きく「猪野々は終わった」と思う住民があらわれたそうです。

(2) 猪野々商店から田舎食堂・猪野々商店へ

そんな中、猪野々商店の引き継ぎに手を挙げられたのが西川史郎（にしかわしろう）さんと幾美（いくみ）さんご夫妻です。西川さんは田舎ぐらしに憧れ、早期退職後の2005年に猪野々へ移住をしました。西川さんは地域コミュニティに溶け込み、猪野々地区活性化委員会のメンバーとして地域づくり活動にも積極的に参加してきました。

猪野々商店を引き継ぐと聞いて地元の自治会役員の人の中には「大丈夫かな」と心配する声があったそうですが、西川さんはいくつかの工夫をしました。まず、引き継ぐにあたって、元々の法人格（以前は有限会社）は引き継がず、土地や建物、仕入れ先、そして地域における「猪野々商店」というブランドを引き継ぎました。その一方でなりわいのイノベーションとして、まずメインの商いであったであった酒販は取りやめました。酒販そのものは地区外にあるスーパーや大型量販店との競合が大きく価格での競争があったことが理由です。一方で、高齢化率が60%を超える猪野々地区内の高齢者の多くが食事に困っていたこと、また幾美さんが高知市内で飲食店での経験があったことから食堂機能を新たに付け加えて、「田舎食堂・猪野々商店」としました（**写真２**）。食堂ではお好み焼きなどこの地区内で普段は食べられないメニューに加えて、ゆず風味のちらしずしやイタドリの炒め物などの田舎料理が並びます。さらにメニューにビールをはじめ酒類を並べるなど、酒販ではない活かし方も行っています。さらに食品・日用品販売も規模は縮小したものの、地域住民の要望も取り入れながら商いを継続しています。現在は菓子類やパン、インスタント食品などが売れるそうです。

当初は酒販もふくめて引き継ぎを期待していた前の店主も、食堂をやるということを聞いたときに「そういうやり方もあるのだな」と思ったといいます。フェイスブックへの投稿から開店当時の西川さんの気持ちを読み解くと「この猪野々を元気つけようと食堂兼雑貨店として同じ場所、同じ屋号の猪野々商店を27日より開業致します」（２０１５年5月23日投稿）、「猪野々のたった1軒のお店ですが活性の為に頑張ります」（２０１５年6月4日投稿）というように、商いの維持だけではなく地域の活性が当初から念頭にあったのだということが分かります。前の店主の思いだけではなく地域の思いを引き継ぎつつ、食堂という新たななりわいへのチャレンジを行えたのは、前店主や地域と西川さんとのつながりがあったからといえるでしょう。

写真２　継業した「田舎食堂・猪野々商店」
出典：2018年１月、西川幾美さん撮影

開店1周年のときにこんな出来事があったそうです。
「今朝7時過ぎにお店に行くと裏口にこんな素敵な物（筆者補足：「祝一周年　猪野々商店様」との熨斗がついた日本酒一升）がありました。田舎の風習で夜半にお祝いの品をそっと玄関先に置く。田舎のおんちゃんはこんな粋な事をしてくれます」（2016年5月27日投稿）
このようなエピソードからも分かる通り、地域の期待と信頼をあつめた地域の社交場としての機能が垣間見えます。

（3）田舎食堂・猪野々商店から多角化へ

食堂機能を持ったことにより商いにおいても幅が広がりました。猪野々地区には桜、新緑、紅葉と四季を通じた景勝地として賑わい、県指定文化財（名勝・天然記念物）で日本の滝100選に選定される「轟の滝」があります。そこで2016年のゴールデンウィークに弁当の販売を始めました。猪野々商店に食堂という料理を提供する機能がついたからこそ、猪野々商店という場所にとどまらない活動が始まったといえるでしょう。そして2016年秋には、西川さんは猪野々商店に続き二つ目の継業をしました。ゴールデンウィークに弁当の販売を行った轟の滝で「滝の茶屋」を始めました（**写真3**）。この茶屋は1990年に「日本の滝100選」に選ばれたことをきっかけに始まり、住民グループなどが運営をしてきていましたが、高齢化などを理由に運営が難しくなり2013年を最後に営業をやめていました。

西川さんは猪野々商店のお客さんから「せっかくいい滝があるのに活用しないのか」というような声を聞き、復活に踏み切りました。この再開は猪野々地区の承認を得て行われたもので、猪野々商店が滝の茶屋を年間通じて営業できるようになりました。この点からも地域と猪野々商店との連携がより深まってきているようです。

また地元で開催される星祭や市内で開催されたかほく星空劇場（野外映画上映会）などのイベントへの出店など活動の広がりがありました。そして２０１６年秋には種から育てた実生ユズの果汁と地元産のハチミツを生かした「猪野々生まれ　柚子ジュースシロップ」という特産品も開発して、高知市のアンテナショップなどでも販売をはじめています。シロップは猪野々で栽培される農薬不使用のユズ果汁を使用しており、実生ユズを栽培しているお年寄りからユズを買い取っていることから、小さいながら地域における経済循環も創り出したといえるでしょう。

写真３　轟の滝に復活した「滝の茶屋」
出典：2017年９月、西川幾美さん撮影

集落最後の商店の火を消すまいとして引き継いだ猪野々商店を、それまでと同じ形態で行うのではなく、引き継ぎ手の知識や技能を活かして食堂にしたことは継業ならではイノベーションといえるでしょう。さらにそれにとどまらず滝の茶屋の復活や特産品づくりなど「食」をキーワードに多角的な展開が生まれてきたことも注目に値します。そして何よりも売店機能を小規模ながら残すなど地域のニーズを意識し、地域との関わりを維持し、深めていくことなど田舎食堂・猪野々商店に学ぶところは多いです。

◆読み解く3つの視点

①【地域課題】集落唯一の商店の閉店という、生活機能の衰退の危機と住民意識の減退。

②【地域づくり】継業による地域の活性という方向性と地域からの有形無形のサポート。

③【革新性】商店だけを引き継ぐのではなく食堂＋商店という新しい形の展開。

3　地域おこし協力隊が継ぐ豆腐屋

(1)　継業の現場

小学校が閉校となり、住民たちが経営し地域内や都会との交流の場となっていた温泉施設も閉鎖となり、商店もなくなった新潟県小千谷(おぢや)市真人(まっと)地区。今も残る

【新潟県小千谷市】

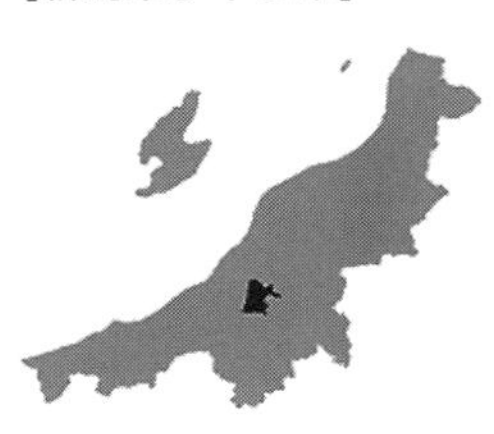

◎基本データ（2015年国勢調査）
面積：155.19km²　人口：36,498人
世帯数：12,165世帯　高齢化率：32.3%

■概要

小千谷市は新潟県のほぼ中央、越後平野の南端に位置し、信濃川が南東部から北東部に流れ、広大な河岸段丘が発達している。2004年10月23日の中越地震で大きな被害を受けた。真人地区は1955年に合併した旧真人村で、人口1,206人。過疎高齢化が進む農業地帯で、平坦地の「里地地区（8町内会）」、山間部の「北部地区（5町内会）」に大きく分かれ、近隣の「岩沢地区」のうち、2つの町内会も真人地区に入る。

豆腐店「真人とうふ」は、住民にとって、地域経済の柱のような存在です。地域おこし協力隊だった30歳代の坂本慎治さんと香奈子さん夫妻が豆腐店を維持し、経営主となりました。

豆腐店は長年、住民たちが経営していた豆腐店。「ちょうど良いタイミングでバトンを引き継いでもらったことは地域にとって本当に喜ばしいこと。われわれにとっては豆腐店は地域の宝ものみたいなものなので、坂本さんは救世主のような存在です」。真人地区の住民で豆腐店を経営していた住民組織「真人健康食品生産組合」の一員、80歳代の塚田喜信さんは継業がつないだ地域の状況を笑顔で話します。坂本慎治さんも「地域に定住できる仕事が見つかり、地域の人が応援してくれている」と感謝の気持ちを持って豆腐作りに励んでいます（**写真４**）。

写真４　豆腐店の前で談笑する坂本さん夫妻と地域運営組織の瀧澤さん

出典：2017年４月、筆者撮影

（2）地区の歴史と前身の豆腐店

真人地区は、もともと住民の自治活動が盛んな地域でした。その象徴となるのが、１９７０年には住民が誘致する格好で設立された自動車部品メーカーの下請け工場です。真人地区の女性を中心に１００人以上の雇用が生まれ、地域は活気づきました。工場誘致に成功した後も、「他人まかせではなく、行政に頼らず自分たちで地域活性化を目指そう」という思いで、住民たちは温泉経営や豆腐店の経営も始めます。

1993年には真人地区の住民たち290人が出資し「真人ふるさと振興開発株式会社」を立ち上げて、温泉施設「真人温泉ふれあいメゾン」の経営をスタートしました。工場で働く人達や住民たち、都会から来た人たちが入浴する施設で、地域経済の中心のような役割を果たしていました。

一方の豆腐店は公民館活動の一環で、当時のJAの組合長の呼び掛けで住民たちが自ら作った大豆を持ち寄りミキサーで豆腐を作ったことが発端です。「こんなにおいしい豆腐を食べたことがない」と評価が高く、地域に馴染んでいたことと、温泉施設という確実な販路もありました。

1997年には、住民1人50万円出資して10人で「真人健康食品生産組合」を立ち上げました。当時の状況について、塚田喜信さんは「年齢を重ねるごとに、自分たちで作った大豆からできた豆腐を懐かしく思い、愛着が芽生えていた。自分たちの豆腐がもっと世に出ればという願いで豆腐店を起業しました」と振り返っています。

しかし、2000年には、自動車部品メーカーの下請け工場の本社が小千谷市中心部に移転し、地域経済は少しずつ衰退していきます。

「真人健康食品生産組合」は当初、木曜、金曜、土曜と週数回の運営で、本格的に営業を始めたのは2002年です。当初は空き店舗を使って豆腐を作っていましたが、農林水産省の助成金を活用して小さな工場を設立しました。東京都からUターンした塚田正二（つかだしょうじ）さんを組合が常勤雇用する形で週6日の運営を始めました。運営主となった塚田正二さんは東京都内の豆腐店で9年間程度働いていた経験があり、豆腐作りの技術には定評がありました。塚田正二さんが作る豆腐は人気があり、出資者に売上金を還元するというほどではなかったものの、塚田正二さんとパート従業員に毎月の給料を支払い、年間7百万円近くの売り上げを誇っていました。

経営が厳しくなったのは、２００４年に発生した中越地震後の豆腐を作れなくなった一時期だけです。小千谷市を直撃した地震により、水が出ないなどの影響が出て数ヵ月間豆腐店の経営は中断しました。

しかし、地震以外の期間の経営はとても順調でした。塚田正二さんは「豆腐は芸術品と似ている。温度や水加減、にがりでまったく味わいも風味も異なる」と、心を込めて豆腐を作ってきました。経営が厳しいわけではなかったものの、豪雪地帯の真人地区の明け方からコンクリートの床の上で働く日々は、足腰にこたえました。塚田正二さんは２０１４年3月、組合の会合で「65歳にもなるし、腰が限界なので引退したい」と宣言したのです。

塚田正二さんが引退宣言をした２０１４年前後は、温泉施設の倒産や、近隣の飲食店が更地になり、小学校も閉校してしまうなど、地域の拠点が次々と閉鎖しています。そのため、地区の住民らでつくる地域運営組織「真人町里地振興協議会」の会長の瀧澤功（たきざわいさお）さんは「地域はとてもさびしい状況で、何とかつぶさないで残したいという気持ちでいっぱいで、住民の存続への願いはとても強かった」と明かします。瀧澤さんら地域住民は、市議会議員に働き掛けるなどで後継者探しに力を入れ始めました。

(3) つながれるたすき

坂本慎治さん、香奈子さん夫妻が地域おこし協力隊として小千谷市に赴任したのは２０１３年7月、ちょうど温泉施設が倒産した時期です。小千谷市が地域活性化を目的に初めて協力隊制度を活用した第一号として2人が採用されました。千葉県南房総市出身の坂本慎治さんは農業で地域おこしをしたいという気持ちから各地の地域おこし協力隊を調べ、小千谷市に応募しました。新潟市出身の坂本香奈子さんは、埼玉県内の食品製造会社で働いていたものの、農山村で農業、食に関わる仕事をしたいと考え、出身地の新潟県内で移住先を探す中で、小千谷市の協力隊制度を知りました。2人とも協力隊として農業支援や地域のＰＲなどに尽力をしました。

坂本慎治さんが、瀧澤さんらが懸命に豆腐店の後継者探しをしていることを知ったのは、２０１４年11月、協力隊の活動の最中です。協力隊として赴任して1年もたたないうちに、温泉施設、小学校、商店と地域から次々と店がなくなってしまい「この上、豆腐店までなくなれば、地域に追い打ちをかける。自分が協力隊としてせっかく来たのに…」と悲しい思いを感じていました。当時、坂本慎治さんは地域を歩きさまざまな活動を展開していたものの、協力隊の卒業が２０１６年3月に迫る中で、定住できるためのなりわいを見つけられずにもいました。

坂本慎治さんは「俺で良ければやらせてくれませんか」と塚田正二さんに直談判しました。坂本香奈子さんも、塚田正二さんの作る豆腐が好きで、「おいしい豆腐が食べられなくなるのは困る」との思いでした。

坂本慎治さんの思いを受け、瀧澤さんら「真人町里地振興協議会」のメンバー、塚田正二さん、坂本さん夫妻、行政で話し合いを重ねました。その結果、坂本さん夫妻に継業することが決まり、「真人健康食品生産組合」が新たなスタートを切ることになりました。

現在の「真人健康食品生産組合」は坂本慎治さんが組合長を務め、慎治さんと懇意にしていた米農家ら３人が１人10万円出資し、塚田喜信さんが元のメンバーのひとりとして名を連ねています。

瀧澤さんは「地域から評判が高く順調に経営してきた豆腐店が途絶えると地域への影響は計り知れないと思い、半年くらい誰か適任者はいないかと募集していた。一方で、協力隊を地域が引き受けたからには、定住まで見越して受け入れることが地域の責任とも思っていた。２つの問題がうまく解決につながって、とてもうれしい。若い協力隊は自分で道を切りひらく力を持っている」と喜んでいます。

（4）新たな形で再スタート

もともと豆腐づくりや商店経営の経験はなかった坂本慎治さん。２０１４年11月と12月は協力隊員として塚田正二さんに修行を受けて豆腐作りを学びました。年が明けた２０１５年1月から3月は隊員として坂本慎治さんが豆腐作りをし、売り上げは全額「真人健康食品生産組合」に入れ、隊員を卒業した２０１５年４月からは組合から月額18万円の給料を受け取る形で坂本慎治さんが経営をしています。

豆腐店は塚田正二さんが使っていた道具や施設をそのまま使い、夫妻で豆腐店経営をしています。配達先など約２００戸の顧客も、施設もすべて前身の豆腐店から引き継いだことから、経営は当初から安定していました。豆腐作りに少しずつ慣れてきた坂本慎治さんは２０１６年夏前後から、にがりを変えたり、大豆の品種を変えたりと製法を改善しています。加工補助剤として用いられる消泡剤などの乳化剤が使われるのが一般的ですが、坂本さん夫妻は乳化剤の使用もやめました。

また、坂本香奈子さんのアイデアで豆腐のスイーツも作り始めました。豆乳プリン、おからマフィン、豆乳ロールケーキ、豆腐チーズケーキなどを新たに作り、小千谷市中心部に2号店も開設しました。子育てをしながら豆腐店の経営を手伝う坂本香奈子さんは「子どもに安心して食べさせたい豆腐とそのお菓子を作っている自負がある。豆腐という軸があって、良い流れでここまでこられたことに感謝している」とうれしそうに話しています。

坂本さん夫妻はスーパーや飲食店など新たに10の販路を新規開拓しました。原材料や豆腐作りの過程、継業に至るまでの流れなどを分かりやすく、写真付きで紹介したおしゃれなホームページは、前職のＩＴ企業での経験を生かして作成し、通信販売も担っています。継業について坂本慎治さんは「起業に比べて資金、営業面のリスクも少ないし、何より地域に馴染みやすい。単価を変更しにくいという面もあるけれど、思った以上に満足しています。買ってよかったと思われるよう、良い面は残しながら自分たちなりにアレンジして経営していきたい」と考えています。

◆読み解く3つの視点

①【地域課題】小学校の閉校、温泉施設の閉鎖など、地域経済の衰退と拠点の喪失。

②【地域づくり】地域運営組織の存在と地域おこし協力隊との連携。

③【革新性】豆腐のスイーツづくりに乗り出す経営の多角化。

4　糀屋を孫ターン継業

（1）継業の現場

田んぼに囲まれた一軒の糀屋。千葉県鴨川市大里にある「芝山糀店」は創業１００年以上、この地域で味噌やしょう油の醸造に使用する米糀をつくってきました。糀の独特な、発酵の香りが漂い、蒸した米を広げる藁で編んだ敷物「ムシロ」や木樽、「室」と呼ばれる木箱、味噌を入れる木樽、お米をふかす圧力釜、撹拌機など、古くから使われてきた道具が揃っている「芝山糀店」を祖父母から継ぐのは、「孫ターン」して鴨川市に移住した及川涼介さんです。

及川さんの祖母の芝山博子さんは、長年、夫の両親や夫とともに経営し、地域の農家から親しまれてきた店を後継者がいないため、廃業しようと考えていました。

一方、千葉県佐倉市の住宅街に生まれ育った及川さんは、母親の実家であるおよそ１００㎞離れた芝山糀店まで、幼い頃から通っていました。小学生の頃から「おばあちゃんがやっている糀屋さんになりたい」という夢を描いてきた及川さん。夢は中学、高校と進学しても色あせることなく、大学卒業後、

◎基本データ（2015年国勢調査）
面積：191.14km^2　人口：33,932人
世帯数：14,453世帯　高齢化率：36.4%

■概要
千葉県房総半島の南東部、太平洋側に位置し、沿岸部では漁業が盛んである。一方、清澄（きよすみ）山や嶺岡（みねおか）山をはじめ山間地や丘陵地が多くを占め、それらに挟まれた長狭（ながさ）平野は米どころとして有名である。東京都心から100km圏内ということもあり、大規模な総合海洋レジャー施設が1970年に開園すると鴨川を中心とする南房総は通年リゾート地に変貌した。2005年2月11日に旧鴨川市と天津小湊町（あまつこみなと）が合併して現在の鴨川市となった。

２０１２年に継業しました。江戸時代から続く道具を今も大切に使い続け、無添加の糀をつくり続ける芝山糀店に、及川さんは誇りを感じています。２０１７年1月から、糀店の名義は芝山さんから及川さんになりました。

祖母の芝山さんは「若い人が生活できるほどの収入はないし、みんな本気じゃないと思っていたのに、本当に継いでくれるとはびっくりしました。南房総にたくさんあった糀屋も今は残すところ数軒になってしまった。どんどん廃れて、後継者もいない。糀屋をやってくれて、うれしい気持ちも心配な気持ちもあります」とエールを送ります（**写真５**）。

写真５　糀屋を継いだ及川さんと教える祖母の芝山さん

出典：2016年９月、筆者撮影

（２）「芝山糀店」と地域の歴史

芝山糀店の創業年数は分かっていませんが、関東大震災のときに新しく建てられた糀の加工場を今も使い続けています。曾祖父が使っていた「石室」も現存し、木や藁などを用いる明治時代からの製法を守り続けて無添加で紡ぎ出される糀が特徴です。アミノ酸や香辛料なども一切入れていません。

糀店に１９４９年に嫁いだ芝山さん。戦時中から戦後にかけて糀は手に入りにくかったため、当時の景気はとてもよかったそうです。当時、農家が自分たちで作った米を持ち込み、芝山糀店で加工して、自分たちで味噌やしょう油に加工していました。「昔は大家族で、味噌やしょう油の消費量も多かったの。ずっと忙しくて、家族総出で糀をつくってきたわ」と芝山さんは振り返っています。芝山さんの夫（及川さんの祖父）は、20年近く別の仕事をしていたので、夜に加工作業を手伝っていました。

次第に味噌を自分たちでつくらなくなった農家が増え、糀だけでなく、味噌の加工も委託されるようになり、昭和の時代まではずっと忙しい日々だったそうです。農家からお米が集まり、芝山糀店では千葉県南部を中心に東京まで配達していたといいます。

しかし、食生活の変化や核家族化などから、注文表にずらりと並んでいた顧客の名前が、年々少しずつ減ってしまいました。芝山さんが大切に保管する毎年の貸糀受付帳には、顧客の名簿が丁寧に手書きでかかれてあり、その歴史と顧客の推移を伺うことができます。

糀屋の減少は全国的な傾向です。経済産業省よると、従業員4人以上の味噌をつくって出荷している事業所数は２０１４年７９２軒。２００２年の９３２軒に比べ１４０軒も減少しました。これは従業員４人以上の規模の味噌屋に限るので、家族経営の味噌屋、糀屋の減少はもっと加速していると想像できます。全国味噌工業協同組合連合会によると、会員の味噌製造企業数は２０１７年現在８８７軒です。芝山さんが嫁いだ１９４９年（４８０４軒）と比べ、わずか5分の1以下に激減しています。中でも千葉県南部は、田園地帯で米と味噌の交換が盛んであったこと、消費地の首都圏が近いことなどで糀、味噌の生産が盛んでした。しかし、生活様式の多様化や需要の減少に伴い、鴨川（南房総地域）の糀組合も戦後、解散し、近隣にあった糀店およそ10軒も次第に経営をやめていきました。芝山さんは、夫が退職後は主に2人で経営していましたが、１９９８年にはその夫も亡くなってしまいます。糀店だけでは経営が厳しく、さらに夏が閑散としていて冬が多忙期となるといった課題もあり、息子（及川さんのおじ）は後を継がないと決めていたことから、芝山さんは廃業を考えていました。

(3) バトンを受け取る

及川さんが幼い頃から主に冬休みに糀店に通う中で、転機となったのは、小学校6年生のときの出来事です。千葉県四街道市からわざわざ買いに来て、樽を注文する常連客が「後継者がいないからこの糀屋がなくなってしまうのはとてもさみしい」と話すのを聞いて、「こんなに思ってくれる人がいる糀屋はすごい」と思ったといいます。中学校1年生の進路指導で先生に相談したところ「味噌屋をやろうというなんてすごいな」とほめられ、うれしくなったことも、決断を後押しします。

高校卒業後、すぐに糀屋を継ぐつもりでしたが、学校の教師をしていた父親から「糀の知識をつけてからの方が良い」と説得され、東京農業大学で醸造と食品学を4年間学んだ後、２０１２年に孫ターンをして、祖母の元で修行をスタートしました。

孫ターンとは、名付け親であるふるさと回帰支援センターの嵩和雄氏によると、都市から地方へ、両親いずれかの出身地に、親世代を1世代飛ばして移住するもので、ＵターンでもＩターンでもない新しい移住のスタイルのことを指します。親族への継承ですが、及川さんは移住者であるので、継業としてここでは紹介します。

糀屋が地域でなくなっていく中で、代々受け継がれてきた味噌やしょう油の味と、伝統的な昔ながらの製法に誇りを抱き、自分が守っていく思いに至った及川さんですが、これまで通りの経営では厳しいのも事実です。そのため、及川さんは技術を学び修行を重ねながらも、アルバイトを掛け持ちしながら、新しい糀の事業を模索しています。

「ネット販売ではなく、地元に来てほしい。鴨川の米を使った糀や味噌、しょう油を現地で楽しんでもらうという希少価値で、地域内の経済を循環させたい」と及川さんは話しています。及川さんが引き継いでから10軒ほどのお客さんが戻ってきました。継業した際には目に見えた地域の応援があったわけではないですが、お客さんが戻ってくるという一つの地域ニーズが見えました。

千葉県南部では移住者が増えていることから、及川さんは移住者の仲間たちとつながって、展望を切り開こうとしています。例えば、近隣の自治体で、地元産で糀をつくろうという「安房手作りしょうゆの会」に働き掛けて糀の注文を請け負ったり、麦ではなく地元の米を使ったしょう油をつくったりと試行錯誤をしています。この他、移住者たちと農地の草刈りや地元高齢者宅の掃除など〝便利屋さん〟としての仕事をし、アルバイトもしています。特に糀の注文が少ない夏に、地域の移住者とともに農地の草刈りや高齢者宅の窓拭きなどを行い、地域貢献しながら生計を成り立たせています。

曾祖父自慢だった石室で、機械による室内管理は行わず、丁寧な作業でつくり上げる芝山糀店の糀。及川さんは根幹の伝統は守りつつ、若い新しい発想を生かして経営を軌道に乗せようと奮闘しています。そんな姿をみて地域の農家らは、数少なくなった糀屋が存続し続けることに喜んでいるそうです。

最近は食材にこだわる消費者や移住者ら新規注文も増えてきましたが、糀委託は最盛期の半分くらいになり、今後及川さんは委託費用の引き上げなども視野に入れています。

及川さんは「地域にあるものを大切にし、農村らしい糀屋にしたい」と意欲的に将来を見据えています。

◆読み解く３つの視点

①【地域課題】全国的に減少しつつある、地域産業としての糀屋の後継者不足。
②【地域づくり】田園回帰で注目されつつある孫ターンによる継業。
③【革新性】新しい若者ネットワークを活かした販路の拡大。

Ⅲ　継業を仕掛ける―そのポイント―

1　継業を探る

(1)　地域からのタネを探る

継業の現場を見ていくと、そのきっかけ（タネ）は大きく二つに分けられます。一つは個別のなりわいの状況から継業へと展開するものです。主として事業ベースの中間支援を商工会や事業引継ぎ支援センターなどが担っています。例えば秋田県事業引継ぎ支援センターは、事業引き継ぎを望む後継者不在事業主が66人（２０１７年7月31日現在）も登録されています。平均年齢は66歳で製造業が20人、小売業が16人、サービス業が15人、飲食・宿泊業が11人、建設業が４人でした。農山村をはじめ地方の個人事業などはいまだに「家業」という意識が非常に高いため、そもそも「子ども（親族）が継がないのであれば自分の代で終わり」と決め込んでしまう場合も多いのですが、秋田県のこの継業の〝タネ〟の掘り起こしは注目に値します。その〝掘り起こし〟の実態をみてみましょう。

秋田県事業引継ぎ支援センターでは秋田県商工会連合会および秋田商工会議所に配置された5人の事業承継相談推進員と連携し、相談員が担当エリアを分けて掘り起こしを行っています。そのうち商工会議所がない町村部を中心とする商工会エリアを担当する相談員の例を見てみると、担当する各市町村の商工会で行っている経営指導員の通常の巡回指導の場を活用しています。事業承継に特化した訪問をすると事業者も警戒をすることがある一方で、各市町村の商工会の経営指導員の巡回指導は通常のものであり安心感があります。そのため、経営指導の一環として後継者問題の話題を出すことにしているそうです。

このような事業ベースがある一方で、地域の生活インフラを守りたいという要請から継業に展開することがあります。例えばⅡ－2で紹介をした高知県香美市香北町の猪野々商店は集落最後の商店の機能という生活インフラの維持という側面から継業の必要性がみいだされました。また、Ⅱ－3で紹介した新潟県小千谷市の真人とうふも、日常的に消費される商品の製造販売であり、生活に密接しているといえるでしょう。これら二つの例をはじめ生活に密接したなりわい（生活インフラ）を継業で維持したいというニーズは多いはずです。そしてその中間支援には地域運営組織が適しているようです。前者では猪野々活性化委員会が、後者では真人町里地振興協議会が関わっています。

事業引き継ぎに比べ、地域の声から継業に至るパターンはシステム化、制度化ができていませんが、むしろ小規模ななりわいは、地域運営組織が地域づくり活動を行う中で気づき、それぞれの地域の必要性などを勘案したオーダーメイドで進めていくのが適当かと思われます。

（2）地域づくり活動を継ぐ

継業の対象は、一般的な営利事業だけではありません。Ⅰの**表2**を見てもらうとわかるのですが、この数年NPO法人の休廃業・解散の件数が急増しています。10年前からの増加率を他の株式会社や有限会社などと比べてみると一目瞭然です。つまり一般的な営利事業以外の活動にも継業の可能性が見いだせます。Ⅱ－1で紹介をした岐阜県郡上市のキャンプ場は、それ自体は営利事業ですが、そもそものはじめの経緯からも分かる通り、地域づくり活動の一環でもありました。

また2017年度から和歌山県が取り組む「わかやま移住者継業支援プロジェクト（わかやま移住者継業支援事業）」でも田辺市本宮町で継業の候補となっている「ゲストハウスｓｏｍｏｙａ」は単なるゲストハウスとしてではなく、1999年から続くグリーンツーリズムの拠点として、この地では先進的にはじまった農業体験、宿泊、食堂など複合的に絡めた「熊野出会いの里」という理念を持った地域づくり活動の継承をも視野に入れています。

1990年代、特に1994年の農山漁村滞在型余暇活動のための基盤整備の促進に関する法律（通称、農山漁村余暇法）制定の前後から、都市－農山村交流は活発化し、全国で同様の取り組みが行われてきましたし、農産物直売所や農家レストランなどの多くも同時期に動き出しました。それから四半世紀、当時の中心メンバーが50歳代であったとしたらその多くは後期高齢者にかかりはじめる年齢になってきています。このような地域づくり活動も、当然、継業の対象となるべきものでしょう。

（3）継業希望者を探る

ところで継業における引き継ぎ手はどこにいるのでしょうか。**図7**をみてください。ふるさと回帰支援センターへの移住相談者が望む、移住先で望む就労形態です。近年は農林漁業に就きたいと希望する傾向は30％前後に弱まり、逆に就職をしたいという移住相談者が60％を超えています。その一方で、起業を望む相談者は微増をしており、だいたい20％程度です。継業は移住者の新しいなりわいのあり方ということもあり、もちろんこの調査の中では調べていませんが、筆者らはこの中に継業希望者が隠れていると考えています。

図8をみてください。これは起業、継業、就業（就職）において必要とされる移住者の要素と地域の要素を模式的に表したものです。起業においては移住者個人に属する起業家（アントレプレナー）精神がより強く求められ、就業においてはあまり求められません。逆に就業は受け手側の経営状況など企業の要素、さらにそれらの企業が置かれている環境など広い意味での地域側の要素が重要になります。継業はその両者の中間に位置しているといえます。それは地域的要素も重要である一方、単に引き継ぐのではなく後述する通り革新性（多業化や多角化）に資するアントレ

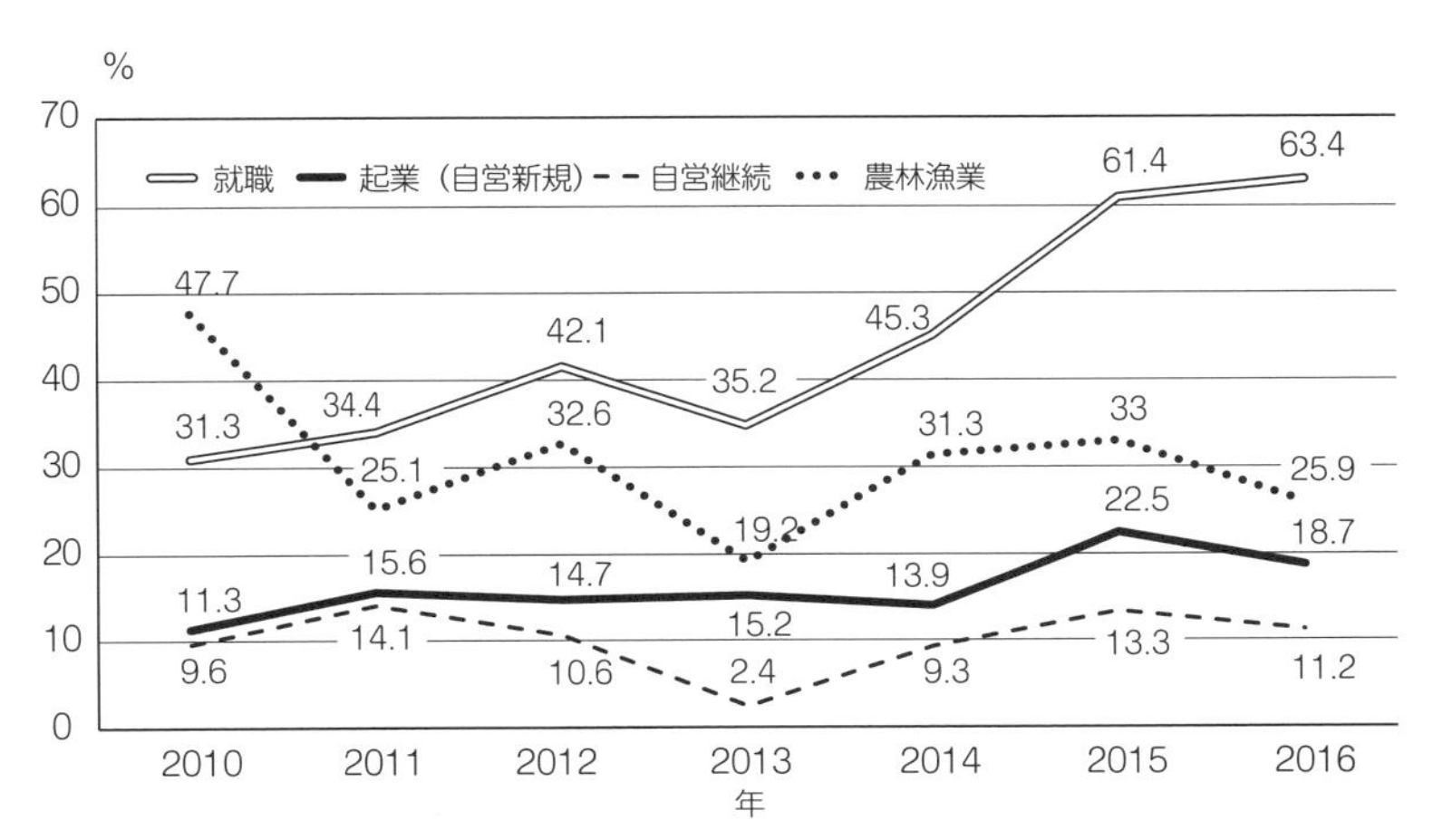

図7　移住先で希望する働き方の推移

出典：NPO 法人ふるさと回帰支援センター資料より作成。

プレナー要素も重要です。つまり起業を目指す人の中でアントレプレナーの要素が強くない人は継業がいいでしょう。また就業との関係では、後述する通り継業には、引き継がせる側と引き継ぐ側がともになりわいを担う「並走期間」が重要であり、この並走期間が存在しない「いきなり継業」はハードルが高いものです。この並走期間自体に就業の要素が含まれているので就業希望者を、並走期間を通じて継業に誘導するということも可能です。

つまり継業は、個人の要素に注目すると起業よりハードルが低く、就業よりハードルが高いということがいえそうで、この中間的な位置を、農山村のコミュニティが関わることで、起業と就業の「いいとこどり」を目指す、これが継業のメリットといえそうです。そして、起業や就業を望む人たちの中に継業をする人たちが隠れているのです。実際に、先にも紹介した秋田県事業引継ぎ支援センターは「創業を目指す起業家や事業意欲・経営意欲のある県内へのＡターン（移住）希望者」を引き合わせることを目的に活動をしており、継業の希望者は１０４人（男性89人、女性15人で、平均年齢43歳）でそのうち44人がＵターンを含む移住希望者でした（２０１７年７月31日現在）。つまり継業という視点が移住者の中に浸透をしていないことから、継業希望者が明示的に出てきていないだけであり、移住希望者の中にも継業の潜在的なニーズはあるのではないかと考えられます。

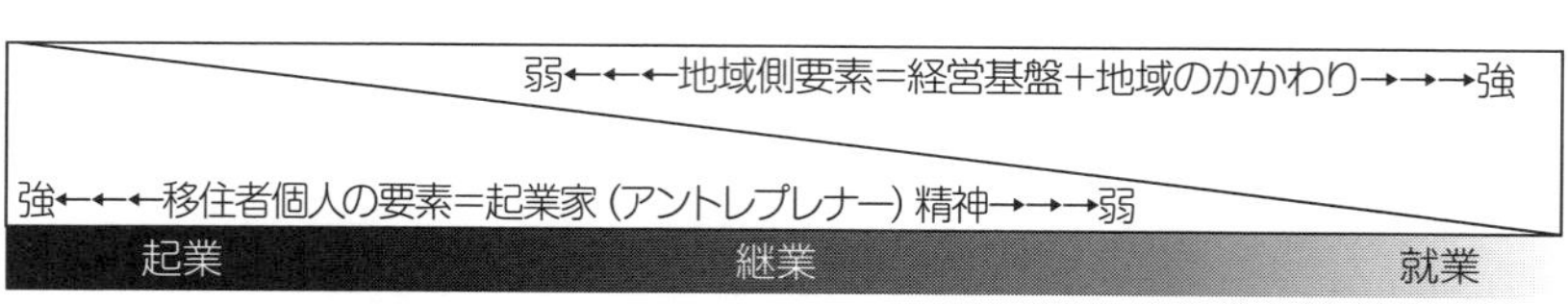

弱←←←地域側要素＝経営基盤＋地域のかかわり→→→強

強←←←移住者個人の要素＝起業家（アントレプレナー）精神→→→弱

起業	継業	就業

図８　なりわいづくりのタイプと求められる要素

出典：筆者作成。

2　継業というバトンリレー

（1）マッチングからバトンリレーへ

移住者のなりわいづくりを支える流れ（筒井ほか、２０１４）では「促すしかけ」、「軌道に乗るためのサポート」、「日常の運営へのサポート」というバトンリレーを提示しました。この考え方は、どうやら継業においても成り立ちそうです。

たとえば本章１「継業を探る」で示した「きっかけ」のポイントは「促すしかけ」にあてはまるでしょうし、事業承継でも重視されている元の事業主と引き継ぎ手との「マッチング」もある意味、「促すしかけ」に入ると思います。筒井ほか（２０１４）では「促すしかけ」の担い手として、国や都道府県、市町村などの行政を想定していましたし、事業承継のスキームでは事業引継ぎ支援センターにその役割が期待されています。しかしⅡでみた実際の例をはじめ継業では必ずしも促すしかけは制度化されたものばかりではなく、地域の何気ない課題からはじまった例もありました。本章の１で地域からのタネを探るということを指摘したことからも明らかなように、どうやら制度的に行われるものとそうではないものが混在しているようです。

一方で、継業の例を見てみると重要なのは「軌道に乗るためのサポート」や「日常の運営へのサポート」であることに気づきます。「軌道に乗るためのサポート」は、商工会などによる事業を立ち上げていく際に必要な経営的なサポートはもちろんのこと、行政による事業を通したサポートや、その地域でのなりわいとして引き続き地域の信頼を得ていくための元の事業主などによるサポートもここに入りそうです。「日常の運営へのサポート」については、真人里地振興協議会（新潟県小千谷市）や猪野々地区活性化委員会（高知県香美市香北町）といった地域運営組織の関与や、大谷森林総合利用協同組合の元メンバーである住民（岐阜県郡上市）など、組織的であれ個人的であれ地域や地域住民による有形無形さまざまなサポートが見られました（**図9**）。

つまり行政が担う部分、事業引継ぎ支援センターや各地域の商工会が担うべきところと、コミュニティや地域運営組織が担うところを整理しながら連携モデルをつくっていくことが求められているようです。これは筒井ほか（2014）でも示したバトンリレーモデルと同様ですが、継業はその実際の動きも緒に就いたばかりであるので、それぞれの役割を固定的に捉える必要はないでしょう。

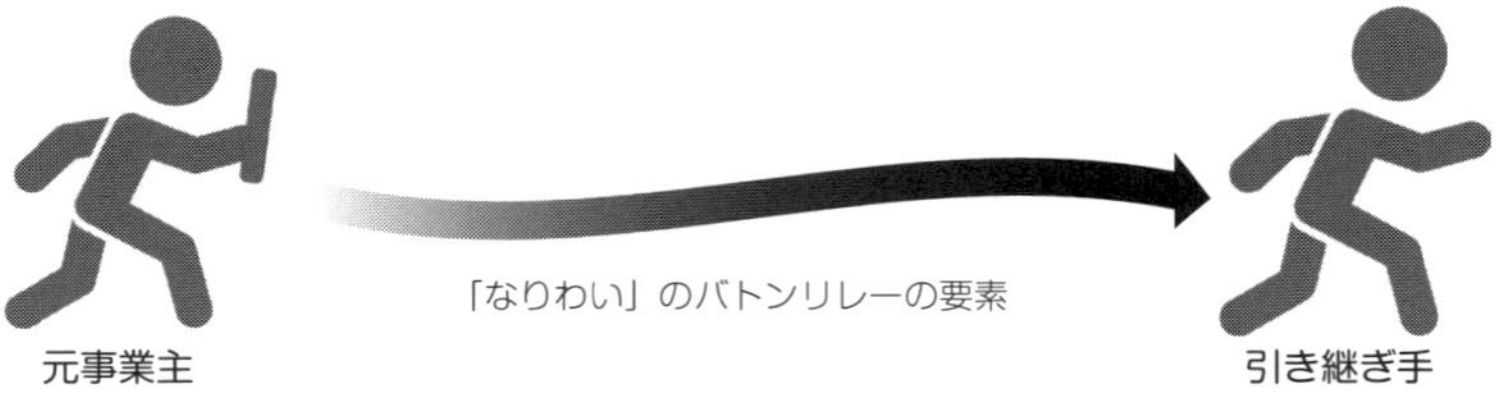

元事業主

「なりわい」のバトンリレーの要素

引き継ぎ手

	促すしかけ		軌道に乗るためのサポート	日常の運営へのサポート
	きっかけ	マッチング	経営的サポート	地域的サポート
郡上市	元事業主	市役所＋地域組織	商工会	元事業主＋観光協会
香美市	地域住民	地域運営組織	―	地域住民+自治会
小千谷市	元事業主	元事業主＋地域運営組織	市役所＋元事業主	地域住民
鴨川市	顧客	祖母×孫	―	地域住民（移住者）

図9　「なりわい」のバトンリレーの要素とその担い手

出典：筆者作成。

東北地方のある例では、元の事業主と引き継ぎ手との「マッチング」など「促すしかけ」にあまりに力を入れすぎ、その後の「軌道に乗るためのサポート」や「日常の運営へのサポート」といった観点が薄かったため、うまく継業ができなかった例もあります。繰り返しになりますが、継業に必要な役割を全てを担うことができる組織はありません。それは継業が事業という側面と地域という側面の二面性を持っているからです。特に後者を意識して、地域づくりの中で継業に取り組む意味を加味しながら地域ごとにオーダーメイドでバトンリレーを構築していくことが必要でしょう。

(2) 思いのマッチング

一方、マッチングだけを取り出しても注意をすべき点があります。事業性や契約面の見える化できるもののマッチングだけではなく、小規模なものになればなるほど、それぞれの主体の思いのマッチングが必要になります。そこで継業がうまく引き継ぐ鍵に、並走期間があげられます。継業は、地域との関わりを含めて引き継いでいくもので、M&A（企業の合併・買収）などとはその点で異なります。そのために、継業をスムーズに実施している地域の多くが「並走期間」を設けています。並走期間とは、これまで経営していた人と引き継ぐ人が一緒に事業に関わる期間のことです。

例えば、新潟県小千谷市で地域おこし協力隊が豆腐屋を継業したケースを見ると、数ヵ月間、これまで豆腐を作っていた塚田正二さんとこれから豆腐屋を経営することになった坂本慎治さんが一緒に豆腐作りをしています。

真人地区にとって、このともに豆腐を作る期間は塚田さん、坂本さん双方だけでなく、顧客である地域住民にとっても重要な期間でした。豆腐を作る手順や材料は、レシピを見れば分かるものです。しかし、一緒に豆腐作りをすることで、レシピだけでは伝わらない肌感覚での技術やノウハウを伝えることができます。また、引き継ぎの時間を一定期間設けることで、お互いの悩みや不安、豆腐作りの希望ややりがい、夢なども語り合えます。さらに、これまで塚田さんの豆腐に慣れ親しんできた顧客からは、豆腐の店主が代わることを知った直後、一部に「これまでの豆腐の味が変わってしまうのではないか」といった声がありました。そうした顧客、当事者以外の地域住民にとっても、並走期間は安心感を醸成することになります。

並走期間は一方的な修行期間とは異なるので、ここではあえて並走という言葉を使いました。この期間は、技術を教わるだけでなく、引き継ぐ側、引き継がれる側が互いを尊重しながら関わることが大切だと考えます。互いにとっての準備期間が並走期間といえるでしょう。ただ、継業をする際に必ず並走期間が存在するわけではなく、引き継ぐタイミングの問題などから併走期間を取れないケースもあります。その場合には、例えば先に見た高知県の田舎食堂・猪野々商店のように地域によるサポートが期待されます。

並走期間を設けるメリットは少なくないですが、並走期間中の売り上げの還元や給与をどうするのかといった課題もあります。引き継がれる側と引き継ぐ側とで一緒に経営をしたからといって、多くの場合、並走期間もほぼ売り上げは変わりません。農山村では引き継ぐ側、引き継がれる側双方の給与を支払うことが厳しい小さな経営規模の事業体もあります。このため、継業を進めている東北の商工会のある担当者は「並走期間中に行政の助成金が出るなど支援策があればありがたい」と言っています。行政は若者の起業に対する支援政策は多く実施していますが、継業は起業に比べて浸透しておらず、継業に対する支援策はほとんどありません。農山村でなりわいが消滅していく中で、並走期間に対する支援措置など考える時期に来ているのではないでしょうか。例えばかつて宮崎県で行っていた「宮崎移住！地域おこし後継者発掘事業」のような並走期間の人件費を手当てする事業も参考になるでしょう。また、地域おこし協力隊のような制度を使うことも可能だと思いますが、地域の強い思い〝のみ〟で、協力隊員の意向に反して採算性の極めて低いなりわいを押し付けるような「押し付け継業」は厳に慎むべきでしょう。

3　継業というイノベーション

（1）移住者の視点を活かした多角化

継業にはさまざまな革新性がみられます。それはヨソモノの後継者がそのまま引き継がないということに起因していますが、その革新性の一つの形として多角化がみられます。Ⅱ－3で取り上げた新潟県小千谷市で地域おこし協力隊が豆腐屋を継業したケースでは、夫婦で取り組み始めた結果、豆腐やおからを使ったスイーツづくりをはじめ、その結果、真人地区ではなく小千谷市の市街地に二号店を出すまでになっています。

また高知県香美市の例でも示した通り、田舎食堂・猪野々商店に続き、２０１６年から轟の滝で滝の茶屋を始めました。この茶屋は住民グループなどが運営をしてきていましたが、高齢化などを理由に運営が難しくなり

２０１３年を最後に営業をやめていました。さらに実生ユズの果汁と地元産のハチミツを生かした特産品も開発して、販売をしています。猪野々商店を単なる商店ではなく、アイデアを加えて食堂にした結果、「食」を通じた多角的な展開が生まれてきました。

このような多角化の可能性は、地域に長く住んでいる人たちが失いがちな地域資源への新鮮なまなざしを、引き継いだ移住者が活かしながら新しい着眼点やアイデアを実現したイノベーションといえるでしょう。農山村での経営活動の多角化には、自身の経験効果といった経営的要因のみならず、交流によって築き上げられてきたネットワークといった地域的要因が作用しており、地域内で交流がしにくい地域においては、地域の枠を超えたネットワークが必要との指摘もあります（石川・大江、２０１４）。地域のサポートを受けた移住者による継業は地域内のネットワークと地域外のネットワークの両方が期待でき、多角化の展開の可能性が広がります。

（２）多業という農山村型パラレルキャリア

農山村ならではのこれまでのなりわいのあり方として副業や兼業があります。日常的な兼業だけではなく、農閑期の杜氏（とうじ）など古くから農山村では副業をしてきました。実はこのあり方は、近年注目されつつある「パラレルキャリア」という考え方と通じるところがあります。パラレルキャリアとは経営学者のＰ・Ｆ・ドラッカー（１９９９）が示した考えで、本業を持ちながら第二のキャリアを築くことです。これまでの副業や兼業と似ていますが、パラレルキャリアの目的は収入を得ることばかりではなく、スキルアップや夢の実現、社会貢献活動なども含まれます。こういった点は移住者によるなりわいづくりの議論と結び付けられそうです。そこで農山村型パラレルキャリアとしての多業を考えてみましょう。

例えば、小田切・筒井編（2016）で継業として紹介をした沖縄県国頭村安田地区の例では、地域の生活インフラである地域共同店を継ぐ一方で、国産コーヒー豆の生産へのチャレンジを続けてきましたが、そのかいあって2017年には国際審査機関である「コーヒー品質協会」の審査によって日本で初めて高品質のコーヒー豆に与えられるスペシャルティ認定を受けました。この例ではこだわりの農業と地域共同店の多業といえるでしょう。

移住を希望する人たちの中には農業を行ないたい人もいると思いますが、実際に農業だけで生計を成り立たせることは容易なことではありません。農林水産省の『平成27年農業経営統計調査』（2017年6月公表）によると、販売農家の所得は全国平均496万円ですが、そのうち農業所得は全国平均153万円と約3分の1です。つまり残りの3分の2は他からの収入に頼っている現状があります。また移住者がやりたい規模も農業といえるような規模ではなく、農的暮らしの規模であることもあります。

すぐには収入が安定しない農業などを補い、収入源を分散させるという現実的なメリットもありますが、それぞれのキャリアで身につけた視点がイノベーションにつながるという指摘もあります（石山、2015）。多業という農山村型パラレルキャリアは、田園回帰の中で重視される移住者のライフスタイルの転換を下支えする上でも重要な視点といえるのではないでしょうか。

Ⅳ　農山村における継業の展望

1　事業承継・農業経営継承と継業

Ⅰ、Ⅱ、Ⅲでは継業についてさまざまな角度から説明をしましたが、継業の類似語として会社の経営を後継者に引き継ぐ「事業承継」という言葉や、農業分野に限れば第三者への農業経営継承という言葉があります。継業と事業承継、農業経営継承は、「継ぐ」という点では同じです。ただ、継業は事業や農業という産業だけでなく、地域との関わりという視点が欠かせません。

事業承継や農業経営継承は、政府が策を講じています。中小企業庁は会社の経営を後継者に引き継ぐ事業承継を進め、環境整備や税制、マッチングなどさまざまな支援策を行っています。また、農林水産省は後継者のいない農業経営を新規就農希望者ら意欲ある人材に引き継ぐ農業経営継承の支援に長年取り組んでいます。すでに実践例が多い事業承継、農業経営継承の仕組みや制度の在り方には、継業を進める上で参考になるポイントがあります。反対に、地域との関わりを重視する継業から、事業承継や農業経営継承が参考とすべきポイントも多くあるともいえるでしょう。

農業経営継承は、後継者のいない農家の農地や農機、農業施設など経営資産を新規就農者に引き継ぐもので、最長2年の研修期間があり、移譲希望する農家に対し助成があります。行政や農業委員会、ＪＡなどがチームを組んでコーディネートをすることになっており、移譲を希望する農家のリストがあることも大きな特徴です。リストには、場所、経営内容や規模、年間売上高や移譲時期などが明記されているので、マッチングが進みやすい利点があります。事業承継には、経営革新や新規事業を支援する事業承継補助金や、相続・贈与での事業承継で負担税額の猶予を認める制度などが設けられています。こうした点が、継業を進める上での参考になる制度や仕組みといえるでしょう。

一方、継業は不動産の取引など目にみえやすい狭い意味での経営資源だけでなく、地域との関わりとなりわいを引き継ぐものを意味し、制度を指す言葉ではありません。農業経営継承や事業承継の中で、地域との関わりを考慮していない継承は継業には含みません。すなわち、農業経営継承や事業承継と継業の境目はなく、継業に該当する農業経営継承や事業承継もあります。継業かどうかのポイントは、地域との関わりという要素です。

地域に残したいなりわいを継業していく場合、農業関連、商工関連の組織だけでなく、地域に関わる多様な組織や人が支えることが必要です。農家の兼業化、混在化に伴い、農山村に向かう移住者にとって「農山村でのなりわい＝農林業」ではなくなっていることから、より幅広い観点で農山村におけるなりわいを捉えていく必要があります。そのために、継業に関わる、支える組織もより多様に捉えることが重要です。

農業経営継承や事業承継が制度や組織との関わり方から進められていることが多いとすれば、継業はもっと地域に根差したものであり、コミュニティ単位のものです。例えば、西日本のある離島では、2年前に、20歳代の若い移住者が、島の特産物の栽培を自治会のリーダーから継業しました。農地だけでなく、これまでの販路や技術、苗や地域の顧客も含めて継承しましたが、リーダーは専業農家ではなく、もともとの売り上げは50万円以下で作付け面積も10アールに満たず農業規模が小さかったために農業経営継承や事業承継の支援対象にはなりませんでした。そのために商工会やＪＡは仲介していません。しかし、継業した移住者は、住民の親戚経由で東京にも販路を広げたり、行政の協力を得て新たな加工品づくりにも挑戦したりしました。地域住民も特産品ができたととても喜んでいます。

このように、事業規模だけで判断すると制度面では対象とならなくても、長年愛され受け継がれてきた地域に必要な継業すべきなりわいはたくさんあるはずです。単一の事業だけでなく、多分野にまたがる複数のなりわいを組み合わせる農山村での移住者の生活スタイルを踏まえると、ＪＡや商工会など地域の協同組合や経済関係の組織は、継業になんらかの形で関わることで、地域をより深く知ることができ、幅広い連携が取りやすくなるでしょう。継業を考える住民や移住者の声を聞いたとき、それぞれの立場で、知見や実績を踏まえてどんな関わり方、支え方ができるのか、考えることが求められています。

2　地域コミュニティが関わる！

継業は当事者同士の問題ではなく、地域の問題です。事業と地域との関わりを引き継ぐため、これまで経営してきた人と、これから経営する移住者という当事者間のやり取りだけではなく地域コミュニティに関わる組織や人の仲介、支援が欠かせません。例えば、行政、地域運営組織やＮＰＯ、自治会、農家、ＪＡなど仲介支援、関わる組織はなりわいの種類や地域によって多様に想定されます。

地域運営組織は地域の生活や暮らしを守るため、地域で暮らす人々が中心となって形成され、地域内のさまざまな関係主体が参加する地域組織で、移住者の受け入れ窓口にもなっているところが多くあります。総務省によると、その数は２０１６年10月の調査時点で全国３０７１団体（６０９市町村）です。地域の課題解決に関わる活動を担う地域運営組織にとって、地域のなりわいを残すことと移住者の生計を確保すること両方の問題解決につながる継業に関わることは、地域活動における柱の一つになります。地域の人脈があり、移住者と地域を仲介する地域運営組織が、後継者不足でこのままでは消えてしまう地域のなりわいをどう継業するのかという問題に対し、今後、大きな役割を担っていくでしょう。

実際、小学校区単位を基盤に自治活動を担う島根県のある地域運営組織は、地元の温泉施設に併設する食堂を継業するために移住者ら後継者を探しました。結果的に継業をした移住者は、その後、食堂経営をあきらめましたが、現在も食堂の継業にも地域運営組織が大きく関わり、その後も食堂は継続して経営が続いています。この場合、過疎地域で後継者を求めている事業主と意欲ある移住者（希望者を含む）のマッチングや引き継ぎ、支援するために地域運営組織が尽力しました。Ⅱ－３の新潟県小千谷市の豆腐屋継業でも地域運営組織が大きな役割を発揮しています。継業は、地域のなりわいのバトンをつなげる環境を探っていくことが重要で、地域コミュニティの問題として関わっていく必要があるといえるでしょう。

また、地域コミュニティなどが新たな組織を立ち上げ、一時的に継業を行うチャレンジも出てきています。兵庫県神崎郡神河町吉富地区では廃園が迫った小規模な茶園を地域住民をはじめ関係者で有限責任事業組合（ＬＬＰ）を立ち上げて継業を行っています。その経緯は内平（２０１７）に詳述されていますが、ポイントは、継業をするにしても空白期間が長引くとリスタートのコストがかかるため、中継ぎとして地域コミュニティなどが一時的を引き継ぎ、継業適任者が現れた際に託せるように準備をするという点です。つまり中継ぎ的な継業という考え方やその担い手としての地域コミュニティの役割も期待されます。

継業を支援する行政も増えてきています。例えば、和歌山県は、２０１７年度から移住者による継業を支援する「わかやま移住者継業支援事業」に着手しています。過疎地域では商店の廃業が増え地域機能やにぎわいの低下が問題となっています。一方で移住者の起業には開業場所や初期投資の経済的負担という課題があることから、後継者を求める事業主と意欲ある移住者のマッチングを図り、継業に係る経費を補助するものです。Ⅲでもふれた古民家のゲストハウスをはじめ、燃料配達、喫茶店など事業主から２０１８年1月時点で7件の登録があり、移住者らから希望を募っている段階です。和歌山県は「個人事業主で小規模なために、経済産業省や農林水産省の支援制度の対象にはならなくても、移住者が新しい視点で事業（なりわい）を再活性化することを期待している。移住者が地域の担い手になること、過疎地域にとってなりわいは地域の重要な資源で、継業は地域機能の維持にもつながる」（移住定住推進課）と期待しています。

岡山県加賀郡吉備中央町は、小規模事業所の後継者を支援する制度を創設しました。店をたたむ生活用品を売る小売店が増え、高齢者の買い物が不便になっていることを踏まえ、町内で後継者不在の小規模事業者を継承する場合に、上限50万円で改装費や広告宣伝費、建築費などを補助するものです。移住者は後継者となる場合は補助率を3分の2にし、定住支援と結びつけています。また、長野県諏訪郡原村でも、中央高原の再生として村内のペンションの後継者を確保する対策に本腰を入れています。村内にはおよそペンションが１００軒あり、そのうち現在営業しているペンションは60軒です。２０１６年には、後継者探しを狙ったツアーも実施しました。関東からの参加者8人が、ペンションに宿泊し現在の経営者と交流した他、村内の施設を巡りました。実際に後継者になった人はまだいませんでしたが、村はペンションの再活性化を目指すロードマップを作成し、村ぐるみでペンションの継業を模索しています。

行政は、事業承継として支援しているケースが目立ちますが、特に農山村では地域との関わりを考慮する継業の概念が重要となります。吉備中央町の担当者が「後継者が見つかった後も地域になじむよう全面的にバックアップしていくことが大切だと思っている」(協働推進課）と説明するように、制度だけではなく、支える体制を地域でどう構築していくかが鍵だといえます。

継業は、行政の制度ありきではありません。繰り返しになりますが、継業に関する新たな施策が展開されていく中で、今後、継業をどう支え、関わっていくか、地域のいろいろな組織や人が自分ごととして考えていくことが大切です。内平（２０１７）が指摘する通り、地域コミュニティと行政をはじめさまざまな主体との地域連携が継業の可能性を広げるのであり、その意味でも本書で提示した「なりわい」のバトンリレーという観点が重要なのです。

3 地域を未来につなぐために―おわりにかえて―

Ⅱで紹介した現場では、いずれも、若者を中心とした農山村からの人口流出を発端とした過疎化、商店などの閉鎖、後継者不足といった農山村の課題の延長線上に、継業が実現していました。継業は農山村に共通する課題に対する一つの解決方法であり、地域のなりわいを地域全体の資源、宝として捉え直し、残していく継業という取り組みは、地域づくりの新しい挑戦といえるでしょう。移住者の新しい視点で販路やサービスの内容を変えている革新性も共通点であり、継業は、地域経済と地域コミュニティ再生への取り組みともいえます。

かつては地域の誰もが利用していた商店などは、インターネットなどサービスの多様化や大型店舗の台頭といった生活様式、時代の変化を受け、事業の展開や地域との関わり方が大きく変わっています。人口の流動化に伴い、これまで世襲だけで考えられがちだった地域のなりわいの継承は、血縁関係や従業員という範疇(はんちゅう)だけでは難しくなってきています。シャッターが閉まった店舗が並ぶ商店街、地区唯一のガソリンスタンドや商店の閉鎖、農山村における買い物弱者などの課題を見ると、「後継者がいないから必要がない事業や仕事である」とは単純にいい切れないと、多くの人が実感するところでしょう。継業の実践には、地域機能や活力が維持されている、または維持しようという住民の思いがある「住み続けたいと感じるコミュニティ」の要素があり、移住のハードルの1つとなっている「仕事の確保」の解決策にもつながり、まさに地域づくりそのものです。

コミュニティ単位で地域のビジョンを考えるとき、移住者の仕事確保、地域のなりわいの喪失という2つの問題がおのずと浮上し、継業という形が当てはまってくるのではないでしょうか。継業には、移住者の思い、元の事業主の思い双方を丁寧にくみ取り、支える地域側の関わりが不可欠です。移住者が引き継ぐ継業は、地域の課題を移住者とともに考える良いきっかけにもなるはずで、内外の人を呼び込む地域をつくることになります。

継ぐというと、技能継承がイメージしやすく、伝統工芸分野における移住者の継業は古くからありました。しかし、継業の調査をしてみると、Ⅱで紹介した以外にも農産物の加工所、うどん店、旅館など事例は実に多く広がっていることが把握でき、継業の現場には移住者とともに元気に地域づくりを進めている共通点がみえてきます。ただ、地域となりわいを移住者に引き継ぐという継業の概念や地域づくりにおける重要性は、まだまだ浸透しているとはいえません。また、地域側の思いを継ぐことが継業には欠かせない要素ですが、地域の思いを押し付ける形の継業が失敗に終わった例もあります。

継業の形には正解がありません。Ⅱで紹介した地域も、詳述してはいませんが調査に行った他の地域でも、模索しながら継業を実践しています。継業は農山村共通の課題であり希望でもあり、誰もが当事者になります。そして、農山村の未来につながる地域づくりの一歩になるはずです。

文献

石川悠紀・大江靖雄（２０１４）農村女性起業における経営活動の参画と多角化要因―千葉県直売所を対象として―、食と緑の科学68号、15～20頁。

石山恒貴（２０１５）『場所と時間を選ばないパラレルキャリアを始めよう！―「２枚目の名刺」があなたの可能性を広げる』ダイヤモンド社。

内平隆之（２０１７）「地域連携で小規模な産地を引き継ぐ」、山崎義人・佐久間康富編著『住み継がれる集落をつくる―交流・移住・通いで生き抜く地域―』学芸出版社。

小田切徳美（２００９）『農山村再生―「限界集落」問題を超えて―』岩波書店。

小田切徳美（２０１４）『農山村は消滅しない』岩波書店。

小田切徳美・筒井一伸編著（２０１６）『田園回帰の過去・現在・未来―移住者と創る新しい農山村―』農山漁村文化協会。

筒井一伸・嵩和雄・佐久間康富（小田切徳美　監修）（２０１４）『移住者の地域起業による農山村再生』筑波書房。

Ｐ・Ｆ・ドラッカー・上田惇生　訳（１９９９）『明日を支配するもの―21世紀のマネジメント革命―』ダイヤモンド社。

〈私の読み方〉
「農山村には仕事がない」という思い込みからの脱却を

図司直也（法政大学）

農山村における地域資源管理を研究テーマに据えてきた団塊ジュニア世代の評者にとって、農林業の現場で出会った親父もしくは祖父の世代が、担い手のバトンが次の世代につながらない悩みを口にする場面に多く遭遇してきた。一方で、評者に近い次世代の声を聞いてみると、農林業や地域の出仕事の大事さは、よく理解しているものの、上の世代から差し出されたバトンは重みがあり、そのまま受け取ると負担も大きいために、バトンを安易に受け取ることを躊躇している様子が垣間見える。そうだとすれば、阿吽の呼吸で試みるバトンリレーに無理が生じるのは当然のことであり、両者のタイミングを合わせていく努力がまず求められよう。

それでは、なぜ両者の呼吸が合わなくなってしまったのか。その背景には、バトンを受け取る世代を取り巻く環境の変化があるだろう。その最たるものは、「世代の頭数（あたまかず）」である。分かりやすく言えば、世代が下るほど同級生の数が少なくなっていく、ということだ。今日のリタイア世代にあたる65～69歳の972万人に対し、われわれが大学などで向き合い、社会人デビューしていく20～24歳は624万人と3分の2に減っている。さらに、生まれてきたばかりの0～4歳に至っては489万人と、彼らの同級生は、リタイア世代の半分である（平成30年2月1日人口推計概算値による）。最近になってようやく、様々な職場で人手不足が顕在化し、労働力人口の減少が実感され始めているが、この傾向が続けば、今ある仕事の大半は継がれないことになる。担い手問題は、過疎化や少子高齢化が先んじた農山村特有の課題ではもはやなく、全国各地で直面しうる課題へと転化している。

その一方で、「仕事に対する価値観」も世代によって大きく変化している。近年の様々な意識調査を通して、若者の職業観には、「経済的な豊かさ」よりも「楽しく働きたい」、「個人の生活と仕事を両立させたい」というワークライフバランスへの意識や、「社会のために役に立ちたい」と考えるソーシャル志向も見受けられる。その実現可能性を農山村という地域に感じ取った若者たちが、「仕事＋ライフスタイル＋地域とのつながり」と本書で表現される「なりわい」にまなざしを向けている。なりわいは、地域の暮らしを支え、それを担ってきたひとととともに魅力を放つ仕事であり、それに携わることで若者たちは、自分が地域に根付いて「ここにいる意味」を実感できる自己表現の手段とも捉えているのだろう。

このようにして、本書がテーマとする「継業」もまた、若者たちの田園回帰の風を受け止めている点から、都市・農村共生社会創造研究会（末尾に記載）のメンバーである評者の「地域サポート人材」、さらに、田中輝美氏の「関係人口」といったテーマとも高い親和性を有している。

地域サポート人材を取り上げた拙稿の『地域サポート人材による農山村再生』では、農山村における3つのサポート活動（生活支援活動、コミュニティ支援活動、価値創造活動）の積み上げ方とバランスが重要であり、いわば3つの活動からなる三角形を意識したプロセスデザインが求められることを指摘した。

また、近著のブックレットとなる田中輝美氏の『よそ者と創る新しい農山村』では、新しい移住者の在りようとして、「自分のみ、地域のみという一方通行の関係性ではなく、地域の課題解決と自分自身の関心が両立する」ような「新しいよそ者」の登場に着目し、そのようなよそ者と新しい農山村を創る上で、関係人口の考え方との接続を図っている。

さらに、両書の監修者である小田切徳美氏による「私の読み方」でも、拙稿に対しては、「若者と地域の関係構築プロセス」として、若者が地域における信頼関係を獲得する過程の大事さを指摘している。また、田中氏に対しても、関係人口の構築プロセスを、地域への定住志向性と地域との関わりの2つの軸から描いた模式図に表現し直している。

これらの共通項は、農山村に根差した価値を若者世代なりに受け止めながら、さらに、磨き上げていくプロセスを注視した点にあろう。このプロセスは、本書が提示した「並走期間」とも重なり合う。下図のように、なりわい継業の3つの要素を「なりわい＝仕事＋地域とのつながり＋ライフスタイル」と組み直せば、それは拙稿の「農山村における3つのサポート活動＝生活支援活動＋コミュニティ支援活動＋価値創造活動」と相似した3段の積み上げにもなる。

まさに、継業でも、上の世代より仕事の技術やノウハウを習得し（下段）、地域の共同作業に関わり、慣習を理解して、周囲に暮らす人たちと信頼関係を構築しながら（中段）、そこに継業者自身の個性や経験を活かして新たな価値を加えていくことになるのだろう（上段）。同様に、関係人口の構築プロセスと重ね合わせてみれば、自らの地域との関わりを、観光客の立場からリピーターへ、さらに、地域に寄り添うサポート人材へ、そこに暮らす移住者の立場へと、定住志向性を強めていくプロセスでもある。地理学者の宮口侗廸氏は地域づくりを「時代にふさわしい新しい価値を地域から内発的につくり出し、地域に上乗せしていく作業」と表現するが、まさに継業を体現したフレーズと言えよう。

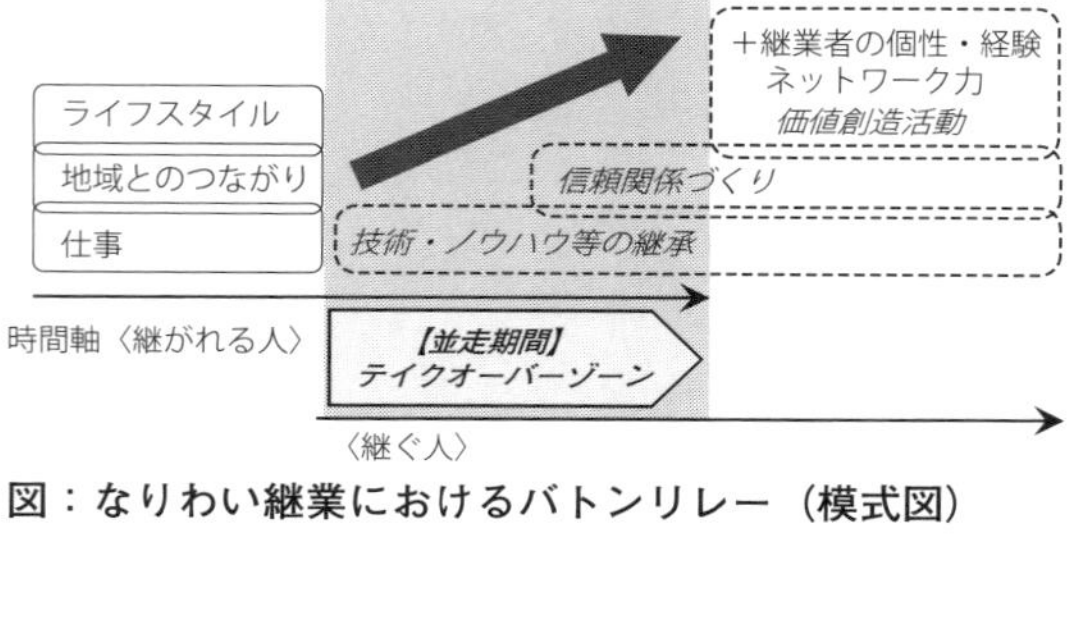

それゆえに、本書が指摘するように、このバトンリレーには事業と地域づくりの二面性を伴い、テイクオーバーゾーンにあ

ライフスタイル
地域とのつながり
仕事
＋継業者の個性・経験
ネットワーク力
価値創造活動
信頼関係づくり
技術・ノウハウ等の継承
時間軸〈継がれる人〉
【並走期間】
テイクオーバーゾーン
〈継ぐ人〉

図：なりわい継業におけるバトンリレー（模式図）

たる「並走期間」をできるだけ長く確保する工夫が求められる。その時間がしっかり得られれば、世代間の会話を密にすることで、様々な環境の変化を踏まえた工夫や知恵がバトンリレーに施され、それは、上の世代の想いを受け継いだイノベーションにもつながるだろう。

　地域で継がれてきたなりわいを惜しむ声は、それが住民のよりどころであった何よりの証とも言える。それだけに、継業の可能性を探ろうとする挑戦は、地域で失われていく誇りを取り戻し、また愛着を確認する大事なアプローチともなる。なりわいに共感し価値を磨き上げたい若者と出会えるチャンスを地域の中に増やしていこうとする発想は、まさに関係人口の考え方そのものでもあり、地域サポート人材の活用につながってもよい。

　その点からなりわい継業は、単に仕事の部分のみをつなぐマッチングセンターでは、カバーしきれないところがある。本研究会メンバーの山浦陽一氏が扱った地域運営組織のように、なりわい継業のみならず、地域ぐるみで世代間のバトンリレーの機運を高めていく場づくりも必要になるだろう。とりわけ、地域経済を支え、資源を維持する農林漁業の世代交代の場にも、若者世代の変化を受け止めるサポート体制が求められ、本書を起点としたさらなる検討が必要であろう。

　このように考えていくと、農山村に今ある仕事が、「次世代が継ぎたくなるなりわい」かが焦点となることに気づくだろう。もちろん稼ぎは大事だが、それだけが継ぐ側にとって決め手になるとは限らない。若者世代にとって、なりわいが「農山村で営まれてきた」という要素も大きな魅力のひとつなのだ。「世界は誰かの仕事からできている」というCMのフレーズの通り、その場所に暮らしがある以上、それを支える役割はたくさんあるに違いない。「農山村には仕事がない」という思い込みから脱却し、普段の地域づくりの展開の中で、なりわいの豊かさに気づき、磨き上げていくまなざしが求められている。

■「都市・農村共生社会創造研究会」について

（一社）JC総研では、「農山村の新しい形研究会」（2013〜2015年度・座長・小田切徳美（明治大学教授））を引き継ぐ形で、「都市と農村が共生できる社会の創造」をテーマに、ソーシャルイノベーション、継業・起業、農福連携、田園回帰など、多方面からのアプローチによる調査研究を行う「都市・農村共生社会創造研究会」（2016〜2018年度）を立ち上げた。メンバーは小田切徳美（座長（代表）／明治大学教授）、図司直也（副代表／法政大学教授）、筒井一伸（副代表／鳥取大学教授）、中塚雅也（神戸大学准教授）、山浦陽一（大分大学大学院准教授）、小林元（広島大学助教）、平井太郎（弘前大学大学院准教授）、田中輝美（ローカルジャーナリスト）、尾原浩子（日本農業新聞記者）。研究成果は、JC総研ブックレットの出版、シンポジウム等の開催により幅広い層に情報発信を行っている。

【著者略歴】

筒井 一伸［つつい　かずのぶ］

〔略歴〕

鳥取大学地域学部地域創造コース教授。1974 年、佐賀県生まれ・東京都育ち。専門は農村地理学・地域経済論。大阪市立大学大学院文学研究科地理学専攻博士後期課程修了。博士（文学）。

〔主要著書〕

『田園回帰の過去・現在・未来』農文協（2016 年）共編著、『移住者の地域起業による農山村再生』筑波書房（2014 年）共著、『若者と地域をつくる』原書房（2010 年）共編著など。

尾原 浩子［おばら　ひろこ］

〔略歴〕

日本農業新聞農政経済部記者。鳥取大学地域学部非常勤講師。島根県松江市生まれ。埼玉大学教養学部卒業。

〔主要連載〕

日本農業新聞 90 周年キャンペーン「若者力」など。

図司 直也［ずし なおや］

〔略歴〕

法政大学現代福祉学部教授。1975 年、愛媛県生まれ。

東京大学大学院農学生命科学研究科博士課程単位取得退学。博士（農学）

〔主要著書〕

『田園回帰の過去・現在・未来』農山漁村文化協会（2016 年）共著、『人口減少時代の地域づくり読本』公職研（2015 年）共著、『地域サポート人材による農山村再生』筑波書房（2014 年）単著

JC 総研ブックレット No.22

移住者による継業

農山村をつなぐバトンリレー

2018 年 4 月 30 日　第 1 版第 1 刷発行

著　者 ◆ 筒井 一伸・尾原 浩子
監修者 ◆ 図司 直也
発行人 ◆ 鶴見 治彦
発行所 ◆ 筑波書房
東京都新宿区神楽坂 2-19 銀鈴会館 〒162-0825
☎ 03-3267-8599
郵便振替 00150-3-39715
http://www.tsukuba-shobo.co.jp

定価は表紙に表示してあります。
印刷・製本＝平河工業社
ISBN978-4-8119-0535-8　C0036
©筒井一伸・尾原浩子 2018 printed in Japan